westermann

Autoren: Klaus Schilling, Jens Helling
Herausgeber: Klaus Schilling

Mathematik für Berufliche Gymnasien

Formelsammlung

Einführungs-, Qualifikationsphase und Abitur

Ausgabe für das Kerncurriculum in Niedersachsen 2018

2. Auflage

Bestellnummer 11714

Bildquellenverzeichnis:
stock.adobe.com, Dublin: Umschlag (pingebat, senoldo)

inkl. E-Book

Dieses Lehrwerk ist auch als BiBox erhältlich. In unserem Webshop unter www.westermann.de finden Sie hierzu unter der Bestellnummer des Ihnen vorliegenden Bandes weiterführende Informationen zum passenden digitalen Schulbuch.

service@westermann.de
www.westermann.de

Bildungsverlag EINS GmbH
Ettore-Bugatti-Straße 6–14, 51149 Köln

ISBN 978-3-427-**11714**-8

westermann GRUPPE

Inhaltsverzeichnis

Analysis

Analytische Geometrie

Lineare Algebra

Stochastik

Geometrie

Anhang

Analysis

1 Mathematische Zeichen und Symbole der Analysis

Zeichen, Symbol	Sprechweise/Bedeutung
$=$	gleich
$\neq$	ungleich
$\approx$	ist ungefähr gleich
$\triangleq$	entspricht
$<$	kleiner als
$\leq$	kleiner gleich
$>$	größer als
$\geq$	größer gleich
$\wedge$	und (logisches und)
$\vee$	oder (logisches oder)
$\lvert \ldots \rvert$	Betrag von
$\Rightarrow$	daraus folgt
$\Leftrightarrow$	gilt genau dann, wenn; ist äquivalent mit/zu
$\rightarrow$	strebt gegen
∞	unendlich
$\mathbb{N}$	Menge der natürlichen Zahlen **einschließlich 0**
$\mathbb{Z}$	Menge der ganzen Zahlen **einschließlich 0**
$\mathbb{Q}$	Menge der rationalen Zahlen **einschließlich 0**
$\mathbb{R}$	Menge der reellen Zahlen **einschließlich 0**
$\mathbb{N}^*, \mathbb{Z}^*, \mathbb{Q}^*, \mathbb{R}^*$	Zahlen der jeweiligen Menge **ohne 0**
$\mathbb{Z}_+, \mathbb{Q}_+, \mathbb{R}_+$ auch: $\mathbb{Z}_{\geq 0}, \mathbb{Q}_{\geq 0}, \mathbb{R}_{\geq 0}$	positive Zahlen der jeweiligen Menge **einschließlich 0**
$\mathbb{Z}_+^*, \mathbb{Q}_+^*, \mathbb{R}_+^*$ auch: $\mathbb{Z}_{>0}, \mathbb{Q}_{>0}, \mathbb{R}_{>0}$	positive Zahlen der jeweiligen Menge **ohne 0**
$\mathbb{Z}_-, \mathbb{Q}_-, \mathbb{R}_-$ auch: $\mathbb{Z}_{\leq 0}, \mathbb{Q}_{\leq 0}, \mathbb{R}_{\leq 0}$	negative Zahlen der jeweiligen Menge **einschließlich 0**
$\mathbb{Z}_-^*, \mathbb{Q}_-^*, \mathbb{R}_-^*$ auch: $\mathbb{Z}_{<0}, \mathbb{Q}_{<0}, \mathbb{R}_{<0}$	negative Zahlen der jeweilige Menge **ohne 0**
$\{1; 2; 3\}$	Menge mit den Elementen 1, 2 und 3
$\{\ldots\}$	Mengenklammer
$\{x \mid \ldots\}$	Menge aller x, für die gilt …
$\{(x; y) \mid \ldots\}$	Menge aller Zahlenpaare $(x; y)$, für die gilt …

Zeichen, Symbol	Sprechweise/Bedeutung
$\varnothing = \{\}$	leere Menge Eine leere Menge enthält keine Elemente.
$\in$	Element von
$\notin$	nicht Element von
$\cup$	vereinigt mit (Zusammenfügen von Mengen)
$\cap$	geschnitten mit (Gemeinsamkeiten von Mengen)
$\subset$	ist *echte* Teilmenge von
$\setminus$	ohne
$[a; b]$	geschlossenes Intervall (von einschließlich a bis einschließlich b)
$(a; b)$ auch: $]a; b[$	offenes Intervall (von ausschließlich a bis ausschließlich b)
$[a; b)$ auch: $[a; b[$	halboffenes Intervall (von einschließlich a bis ausschließlich b)
$(a; b]$ auch: $]a; b]$	halboffenes Intervall (von ausschließlich a bis einschließlich b)
$f: f(x) = \ldots$ auch: f mit $f(x) = \ldots$	Eine Funktion f mit $f(x) = \ldots$
$D(f)$	Definitionsbereich, Definitionsmenge der Funktion f
$W(f)$	Wertebereich, Wertemenge der Funktion f
$D_{max}(f)$	mathematisch maximal möglicher Definitionsbereich der Funktion f
$W_{max}(f)$	mathematisch maximal möglicher Wertebereich der Funktion f
$D_{ök}(f)$	ökonomisch sinnvoller Definitionsbereich der Funktion f
$W_{ök}(f)$	ökonomisch sinnvoller Wertebereich der Funktion f
lim	Grenzwert (Limes)
$\Delta x = x_2 - x_1$	Delta x; Differenz zweier x-Werte
$\Delta y = y_2 - y_1$	Delta y; Differenz zweier y-Werte
$\Delta f(x) = f(x_2) - f(x_1)$	Delta $f(x)$; Differenz zweier Funktionswerte
$\frac{\Delta f(x)}{\Delta x} = \frac{f(x_2) - f(x_1)}{x_2 - x_1}$	Differenzenquotient; Sekantensteigung
$f'(x)$	f Strich von x; erste Ableitung von $f(x)$
$f''(x)$	f zwei Strich von x; zweite Ableitung von $f(x)$
$\mathrm{d}f$	Differenzial von f
$\frac{\mathrm{d}f}{\mathrm{d}x} = f'(x)$	$\mathrm{d}f$ nach $\mathrm{d}x = f'(x)$. Der Differenzialquotient $\frac{\mathrm{d}f}{\mathrm{d}x}$ ist die Ableitung von $f(x)$.
$\int f(x)\,\mathrm{d}x$	unbestimmtes Integral von $f(x)$ mit der Variablen x
$\int_b^a f(x)\,\mathrm{d}x$	(bestimmtes) Integral von $f(x)$ von a bis b mit der Variablen x

2 Griechisches Alphabet

Großbuchstabe	Kleinbuchstabe	Bezeichnung	Großbuchstabe	Kleinbuchstabe	Bezeichnung
Α	α	Alpha	Ν	ν	Ny
Β	β	Beta	Ξ	ξ	Xi
Γ	γ	Gamma	Ο	ο	Omikron
Δ	δ	Delta	Π	π	Pi
Ε	ε	Epsilon	Ρ	ϱ	Rho
Ζ	ζ	Zeta	Σ	σ	Sigma
η	η	Eta	Τ	τ	Tau
ϑ	ϑ	Theta	Υ	υ	Ypsilon
ι	ι	Jota	Φ	φ	Phi
Κ	κ	Kappa	Χ	χ	Chi
Λ	λ	Lambda	Ψ	ψ	Psi
Μ	μ	My	Ω	ω	Omega

3 Rechenarten, Rechengesetze

3.1 Grundrechenarten

Addition	$a+b=c$	a, b: **Summanden** c: **Summe**
Subtraktion	$a-b=c$	a: **Minuend** b: **Subtrahend** c: **Differenz**
Multiplikation	$a \cdot b=c$	a, b: **Faktoren** c: **Produkt**
Division	$a:b=\frac{a}{b}=c$	a: **Dividend**, bei Brüchen **Zähler** b: **Divisor**, bei Brüchen **Nenner**; $b \neq 0$ c: **Quotient**

3.2 Höhere Rechenarten

Potenzieren	$a^b = c$	a: **Basis** b: **Exponent (Hochzahl)** c: **Potenz** (auch: **Potenzwert**)
Radizieren	$\sqrt[a]{b} = c$	a: **Wurzelexponent** b: **Radikand** c: **Wurzel** (auch: **Radix**)
Logarithmieren	$\log_b a = c$	a: **Numerus** ($a \in \mathbb{R}_+^*$) b: **Basis** ($b \in \mathbb{R}_+^* \setminus \{1\}$) c: **Logarithmus** ($c \in \mathbb{R}$)

3.3 Rangfolge bei Ausführung mehrerer Rechenarten

Berechnung von Termen	• höchste Priorität: Klammern ausrechnen • Höhere Rechenarten (Potenzieren, Radizieren und Logarithmieren) haben Vorrang vor den Grundrechenarten (Addition, Subtraktion, Multiplikation und Division). • Punktrechnung (Multiplikation und Division, auch Brüche) vor Strichrechnung (Addition und Subtraktion).

3.4 Vorzeichenregeln

Addition und Subtraktion	$a + (+b) = a + b$ $a + (-b) = a - b$	$a - (+b) = a - b$ $a - (-b) = a + b$
Multiplikation	$a \cdot (+b) = +ab = ab$ $a \cdot (-b) = -ab$	$(-a) \cdot b = -ab$ $(-a) \cdot (-b) = +ab = ab$
Division	$\frac{+a}{+b} = +\frac{a}{b} = \frac{a}{b}$ $\frac{a}{-b} = -\frac{a}{b}$	$\frac{-a}{b} = -\frac{a}{b}$ $\frac{-a}{-b} = +\frac{a}{b} = \frac{a}{b}$

3.5 Elementare Rechengesetze

Kommutativgesetz (Vertauschungsgesetz)	$a + b = b + a$ $a \cdot b = b \cdot a$	
Assoziativgesetz (Verbindungsgesetz)	$a + (b + c) = (a + b) + c$ $a \cdot (b \cdot c) = (a \cdot b) \cdot c$	
Distributivgesetz (Verteilungsgesetz)	$(a \pm b) \cdot c = a \cdot c \pm b \cdot c$ $(a \pm b) : c = a : c \pm b : c$ $\frac{a \pm b}{c} = \frac{a}{c} \pm \frac{b}{c}$	$c \neq 0$
Ausklammern, Faktorisieren	$a \cdot c \pm b \cdot c = c \cdot (a \pm b)$	$c \neq 0$
Klammern auflösen	$a + (b + c) = a + b + c$ $a + (b - c) = a + b - c$ $a - (b + c) = a - b - c$ $a - (b - c) = a - b + c$ $-(a + b) = -a - b$ $a \cdot (b \pm c) = a \cdot b \pm a \cdot c$ $(a + b) \cdot (c + d) = ac + ad + bc + bd$ $(a + b) \cdot (c - d) = ac - ad + bc - bd$ $(a - b) \cdot (c + d) = ac + ad - bc - bd$ $(a - b) \cdot (c - d) = ac - ad - bc + bd$	
Rechnen mit 0	$a + 0 = 0 + a = a$ $a - 0 = a$ $0 - a = -a$	
	$a \cdot 0 = 0 \cdot a = 0$	
	$\frac{0}{a} = 0$ $\frac{a}{0}$ = nicht definiert	$a \neq 0$
	$a^0 = 1$	
Binomische Formeln	$(a + b)^2 = a^2 + 2\,ab + b^2$ $(a - b)^2 = a^2 - 2\,ab + b^2$ $(a + b) \cdot (a - b) = a^2 - b^2$	1. Binomische Formel 2. Binomische Formel 3. Binomische Formel

3.6 Rechnen mit Brüchen

Erweitern und Kürzen von Brüchen	• **Erweitern:** $\frac{a}{b} = \frac{a \cdot n}{b \cdot n}$ • **Kürzen:** $\frac{a \cdot n}{b \cdot n} = \frac{a}{b}$	$b, n \neq 0$ $b, n \neq 0$
Addition und Subtraktion von Brüchen	• **gleichnamige Brüche:** Brüche mit dem gleichen Nenner $\frac{a}{c} \pm \frac{b}{c} = \frac{a \pm b}{c}$ • **ungleichnamige Brüche:** Brüche mit unterschiedlichen Nennern $\frac{a}{b} \pm \frac{c}{d} = \frac{ad \pm bc}{bd}$	$c \neq 0$ $b, d \neq 0$
Multiplikation von Brüchen	• **Multiplikation eines Bruchs mit einem Bruch:** $\frac{a}{b} \cdot \frac{c}{d} = \frac{ac}{bd}$ • **Multiplikation eines Bruchs mit einer ganzen Zahl:** $\frac{a}{b} \cdot c = \frac{a}{b} \cdot \frac{c}{1} = \frac{ac}{b}$	$b, d \neq 0$ $b \neq 0$
Division von Brüchen	• **Division eines Bruches durch einen Bruch (Doppelbruch):** $\frac{a}{b} : \frac{c}{d} = \frac{a}{b} \cdot \frac{d}{c} = \frac{ad}{bc}$ • **Division eines Bruches durch eine ganze Zahl:** $\frac{a}{b} : c = \frac{a}{bc}$	$b, c, d \neq 0$ $b, c \neq 0$

3.7 Potenzieren

Definition und Bezeichnungen	**Exponent (Hochzahl)** $\downarrow$ $\underbrace{a \cdot a \cdot a \cdot \ldots \cdot a}_{n \text{ Faktoren}} = a^n$ ↑ **Basis**	$n \in \mathbb{N}^*$
Rechengesetze	• **Multiplikation und Division von Potenzen mit gleicher Basis:** $a^m \cdot a^n = a^{m+n}$ $\frac{a^m}{a^n} = a^{m-n}$	 $a \neq 0$, wenn $m, n < 0$ $a \neq 0$, wenn $m < 0$ oder $n > 0$
	Multiplikation und Division von Potenzen mit gleichen Exponenten: $a^n \cdot b^n = (a \cdot b)^n$ $\frac{a^n}{b^n} = \left(\frac{a}{b}\right)^n$	 $a, b \neq 0$, wenn $n < 0$ $a \neq 0$, wenn $n < 0$; $b \neq 0$
	• **Potenzen potenzieren:** $(a^m)^n = a^{m \cdot n}$	
Folgerungen	$a^1 = a$	
	$a^0 = 1$	
	$a^{-n} = \frac{1}{a^n}$	$a \neq 0$
	$a^{-1} = \frac{1}{a^1} = \frac{1}{a}$	$a \neq 0$
	$\left(\frac{a}{b}\right)^{-n} = \left(\frac{b}{a}\right)^n$	$a, b \neq 0$

3.8 Radizieren

Definition und Bezeichnungen	$b = \sqrt[n]{a} \Leftrightarrow b^n = a$	b: **Wurzel** (auch: **Radix**) n: **Wurzelexponent** a: **Radikand** $n \in \mathbb{N}^* \setminus \{1\}$; $a, b \geq 0$

Rechengesetze	• **Multiplikation von Wurzeln** $\sqrt[n]{a} \cdot \sqrt[n]{b} = \sqrt[n]{a \cdot b}$	$n \in \mathbb{N}^*\setminus\{1\};\ a, b \geq 0$
	• **Division von Wurzeln** $\frac{\sqrt[n]{a}}{\sqrt[n]{b}} = \sqrt[n]{\frac{a}{b}}$	$n \in \mathbb{N}^*\setminus\{1\};\ a \geq 0;\ b > 0$
	• **Potenzieren von Wurzeln** $(\sqrt[n]{a})^m = \sqrt[n]{a^m}$	$n, m \in \mathbb{N}^*\setminus\{1\};\ a \geq 0$
	• **Radizieren von Wurzeln** $\sqrt[n]{\sqrt[m]{a}} = \sqrt[m]{\sqrt[n]{a}} = \sqrt[nm]{a}$	$n, m \in \mathbb{N}^*\setminus\{1\};\ a \geq 0$
Teilweises (partielles) Radizieren	$\sqrt[n]{a^n \cdot b} = a \cdot \sqrt[n]{b}$	$n \in \mathbb{N}^*\setminus\{1\};\ a, b \geq 0$
Rationalmachen des Nenners	$\frac{a}{\sqrt{b}} = \frac{a \cdot \sqrt{b}}{b}$	$b > 0$
Umformung von Wurzeln in Potenzen	$\sqrt[n]{a^m} = a^{\frac{m}{n}}$ $\sqrt{a} = \sqrt[2]{a^1} = a^{\frac{1}{2}}$ $\sqrt[n]{a} = \sqrt[n]{a^1} = a^{\frac{1}{n}}$ $\sqrt{a} \cdot \sqrt{a} = (\sqrt{a})^2 = a^1 = a$ $\sqrt[n]{a^n} = a$ $(\sqrt[n]{a})^n = a$	$m, n \in \mathbb{N}^*\setminus\{1\};\ a \geq 0$

3.9 Logarithmieren

Definition und Bezeichnungen	Logarithmus = Exponent = Hochzahl Logarithmieren heißt, den Exponenten (die Hochzahl) berechnen. **Basis** $\rightarrow b^x = y \Leftrightarrow x = \log_b y$ $\quad (b \in \mathbb{R}_+^*\setminus\{1\};\ y \in \mathbb{R}_+^*)$ x in b^x: **Exponent (Hochzahl)**; y in $b^x = y$: **Potenzwert (Numerus)**; x in $x = \log_b y$: **Exponent (Hochzahl)**; y in $\log_b y$: **Potenzwert (Numerus)**; b in $\log_b y$: **Basis** Die Zahl x heißt Logarithmus von y zur Basis b.

Zehnerlogarithmus	$x = \log_{10} y = \lg y$	x: Logarithmus, Exponent, Hochzahl y: Potenzwert, Numerus lg: Zehnerlogarithmus
Natürlicher Logarithmus	$x = \log_e y = \ln y$	x: Logarithmus, Exponent, Hochzahl y: Potenzwert, Numerus e: Eulersche Zahl ln: natürlicher Logarithmus
Logarithmen mit beliebiger Basis	$x = \log_b y = \frac{\ln y}{\ln b} = \frac{\lg y}{\lg b}$	x: Logarithmus, Exponent, Hochzahl y: Potenzwert, Numerus ln: natürlicher Logarithmus lg: Zehnerlogarithmus
Rechengesetze (Logarithmengesetze)	$\log \frac{u}{v} = \log u - \log v$ $\log a^u = u \cdot \log a$ $\log \sqrt[v]{a^u} = \log a^{\frac{u}{v}} = \frac{u}{v} \cdot \log a$ $a^x = e^{x \cdot \ln a}$	$a, u, v > 0$
Folgerungen	$\log_b b = 1$ $\log_b 1 = 0$ $\log_b \sqrt[n]{a} = \frac{1}{n} \cdot \log_b a$ $\log_b \sqrt[n]{a^m} = \frac{m}{n} \cdot \log_b a$ $e^x = y \Leftrightarrow x = \ln y$ $e^{\ln x} = x$	$b > 0$ $b > 0$ $a, b > 0; n \neq 0$ $a, b > 0; n \neq 0$ $y > 0$
Eulersche Zahl	Die **eulersche Zahl e** ist das Ergebnis der Grenzwertbetrachtung: $\lim_{x \to \infty} \left(1 + \frac{1}{x}\right)^x = e \approx 2{,}71828$	$x \neq 0$

4 Funktionen

4.1 Funktionsgraph im Koordinatensystem

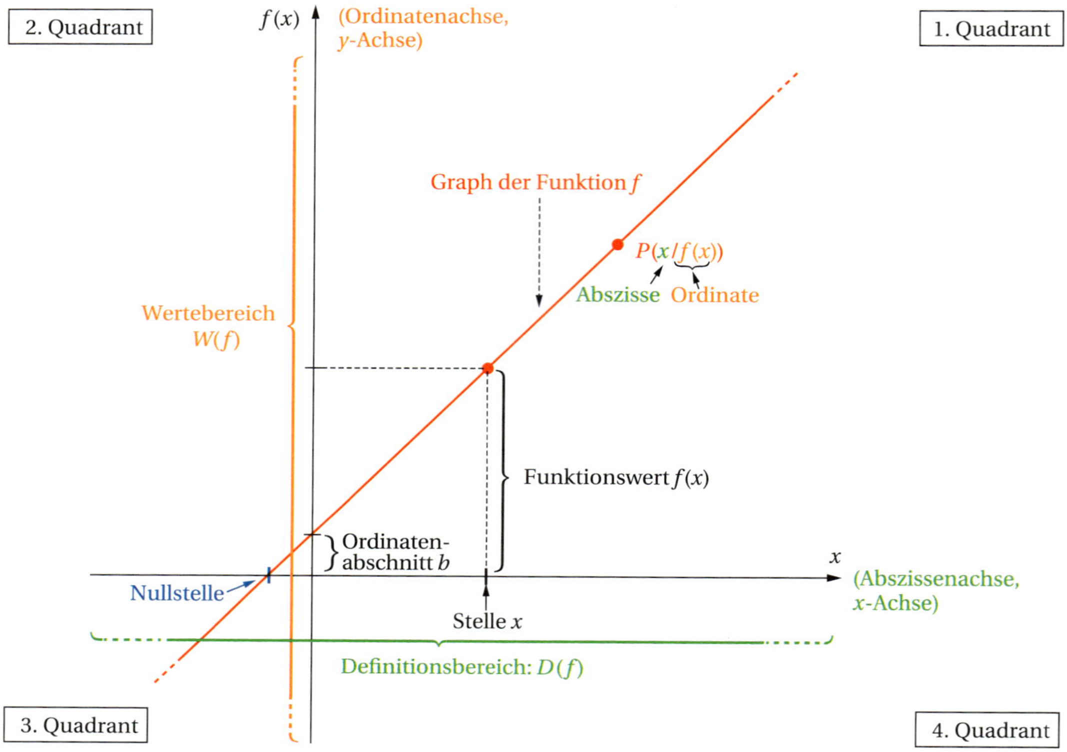

4.2 Definitions- und Wertebereich

Definitions- und Wertebereich	$D(f) = D_{max}(f)$	mathematisch maximal möglicher Definitionsbereich
	$D_{ök}(f)$	ökonomisch sinnvoller Definitionsbereich
	$W(f) = W_{max}(f)$	mathematisch maximal möglicher Wertebereich
	$W_{ök}(f)$	ökonomisch sinnvoller Wertebereich

4.3 Lineare Funktionen

Begriffe

$\underbrace{f}_{\text{Name der Funktion}} : \underbrace{\underbrace{f(x)}_{\text{Funktionswert}} = \underbrace{mx + b}_{\text{Funktionsterm}}}_{\text{Funktionsgleichung}}$

Eine Funktion ist eine Zuordnung, bei der jedem x-Wert *genau ein* Funktionswert $f(x)$ zugeordnet wird.

Die grafische Darstellung einer Funktion heißt **Funktionsgraph** oder auch **Graph der Funktion**.

Gleichung und Graph einer linearen Funktion

$f(x) = \underbrace{mx}_{\text{Linear-glied}} + \underbrace{b}_{\text{Absolut-glied}}$

m: Steigung der Geraden

b: Absolutglied, Ordinatenabschnitt des Graphen

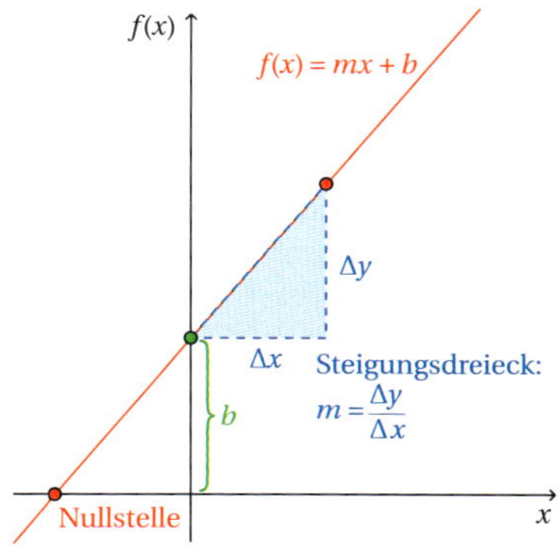

Steigung des Graphen einer linearen Funktion (Steigung einer Geraden)

$m = \dfrac{\text{Höhenunterschied}}{\text{Horizontalunterschied}}$

zwischen zwei Punkten $P_1(x_1/f(x_1))$ und $P_2(x_2/f(x_2))$:

$$m = \frac{f(x_2) - f(x_1)}{x_2 - x_1} = \frac{\Delta f}{\Delta x} = \frac{\Delta y}{\Delta x}$$

oder:

$$m = \frac{f(x_1) - f(x_2)}{x_1 - x_2} = \frac{\Delta f}{\Delta x} = \frac{\Delta y}{\Delta x}$$

$m > 0$: positive Steigung, Gerade verläuft in x-Richtung steigend

$m < 0$: negative Steigung, Gerade verläuft in x-Richtung fallend

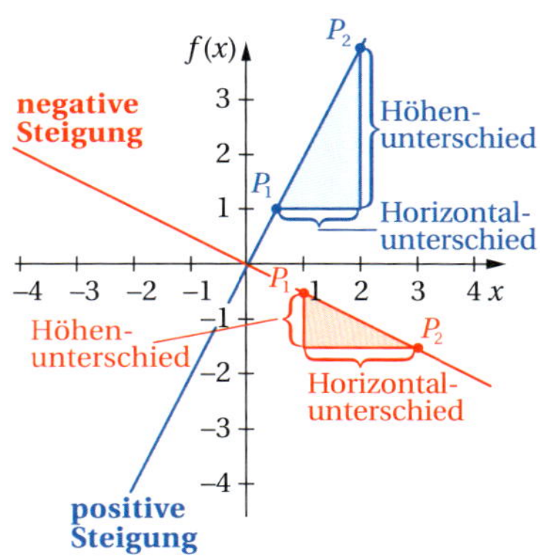

Parallele zur *x*-Achse (Abszissenachse)	$f(x) = b$	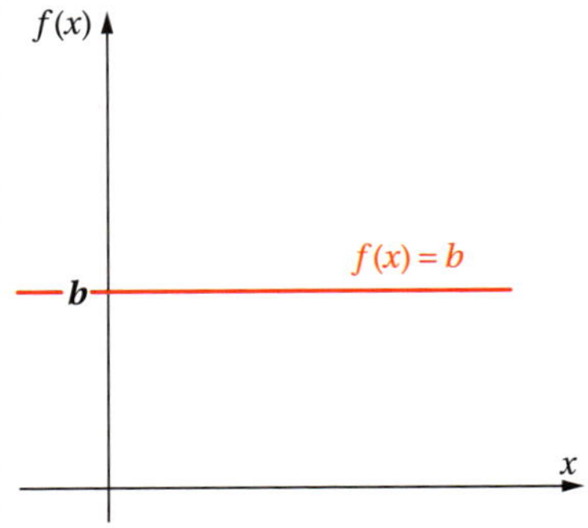
Parallele zur *y*-Achse (Ordinatenachse)	$x = a$ **Relation**	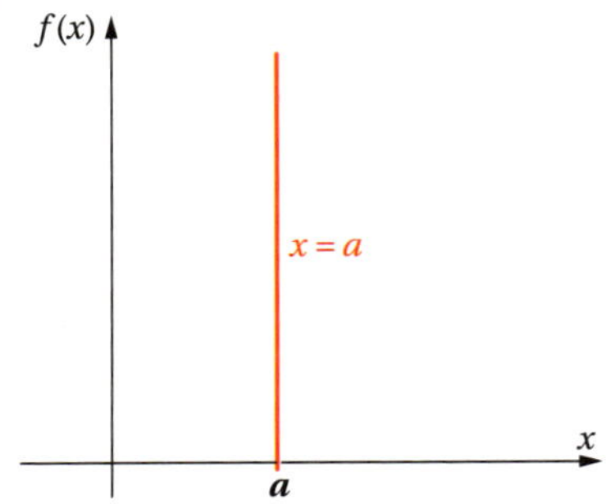
Parallelität zweier Geraden	$f_1(x) \parallel f_1(x)$, wenn: $f_1(x) = m_1x + b_1$ $f_2(x) = m_2x + b_2$ mit $m_1 = m_2$ und $b_1 \neq b_2$	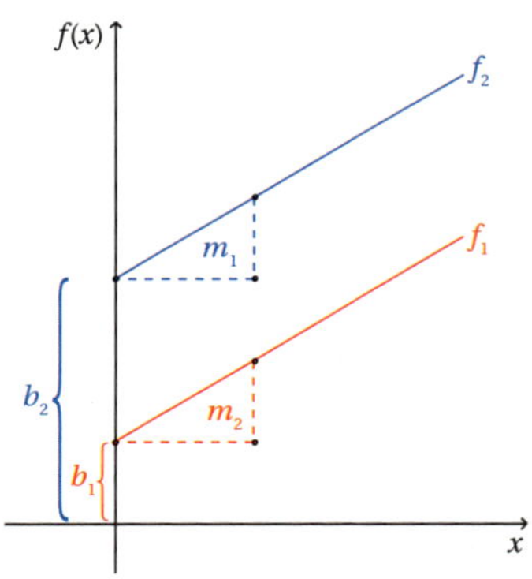
Senkrecht (orthogonal) zueinander stehende Geraden	$f_1(x) = m_1x + b_1; f_2(x) = m_2x + b_2$ $f_1(x) \perp f_2(x)$, wenn: $m_1 \cdot m_2 = -1 \Leftrightarrow m_1 = -\frac{1}{m_2}$	
Ordinatenabschnitt einer linearen Funktion	$f(x) = mx + b$ $f(0) = b$	

Nullstelle einer linearen Funktion	$f(x) = mx + b$ $f(x) = 0$ $x = -\frac{b}{m}$
Lösungsverfahren für lineare Gleichungssysteme mit 2 Variablen (Schnittpunkt zweier Geraden)	**Lineares Gleichungssystem:** $\begin{vmatrix} y = m_1 x + b_1 \\ y = m_2 x + b_2 \end{vmatrix}$ • **Gleichsetzungsverfahren:** $y = y$ $m_1 x + b_1 = m_2 x + b_2$ • **Einsetzungsverfahren:** $y = m_1 x + b_1$ $y = m_2 x + b_2 \Leftrightarrow x = \frac{y - b_2}{m_2}$ $y = m_1 \cdot \frac{y - b_2}{m_2} + b_1$ • **Additionsverfahren/ Subtraktionsverfahren:** $y = m_1 x + b_1$ $y = m_2 x + b_2 \quad \vert -$ $0 = m_1 x - m_2 x + b_1 - b_2$

4.4 Quadratische Funktionen

Graph einer quadratischen Funktion	**Normalparabel (nach oben geöffnet)** Gleichung: $f(x) = x^2$	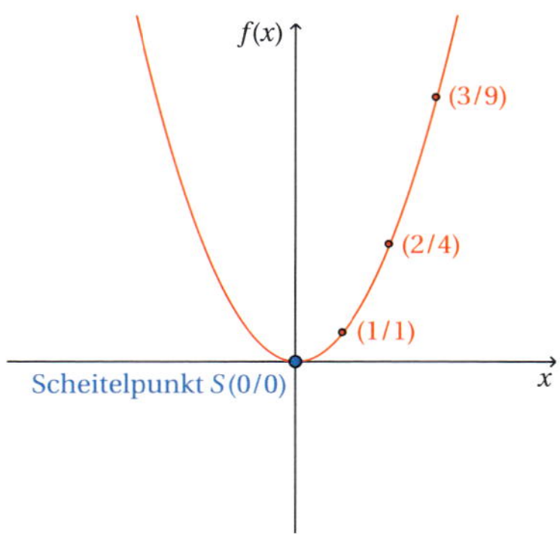

Graph einer quadratischen Funktion *(Fortsetzung)*	**Normalparabel (nach unten geöffnet)** Gleichung: $f(x) = -x^2$	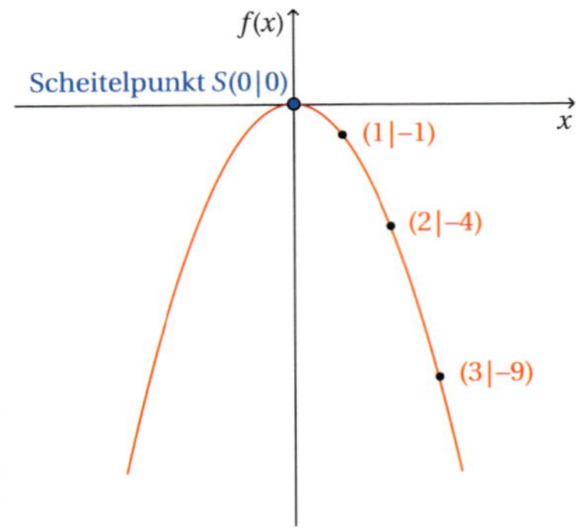
	Normalparabel (nach oben geöffnet und verschoben) Gleichung in **Normalform**: $f(x) = x^2 + bx + c$; $b \neq 0$ oder $c \neq 0$	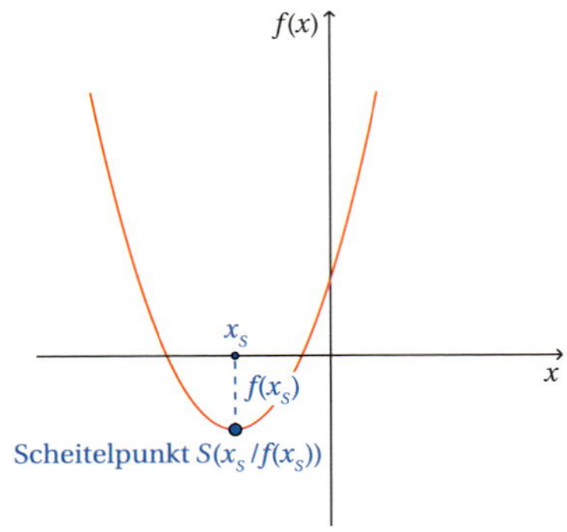
	Normalparabel (nach unten geöffnet und verschoben) Gleichung in **Normalform**: $f(x) = -x^2 + bx + c$; $b \neq 0$ oder $c \neq 0$	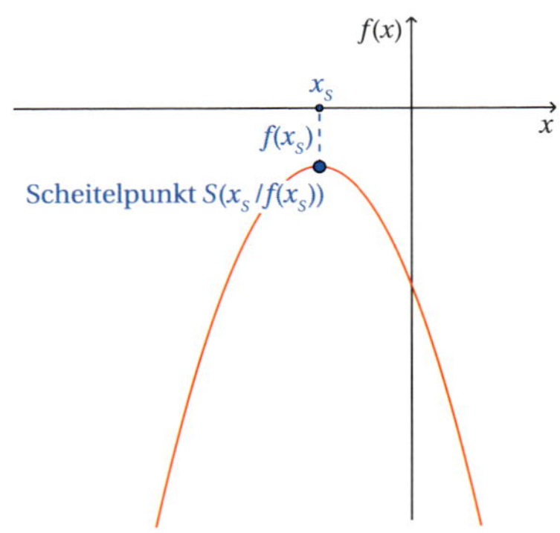

Gleichung einer quadratischen Funktion	**Polynomform** (allgemeine Form) $f(x) = \underbrace{ax^2}_{\text{Quadratglied}} \underbrace{+\ bx}_{\text{Linearglied}} \underbrace{+\ c}_{\text{Absolutglied}}$	$a \neq 0$: **Formfaktor** (Dehnung/Stauchung) in y-Richtung und Spiegelung an der x-Achse bei $a < 0$
	Scheitelpunktform $f(x) = a\,(x-u)^2 + v$ Scheitelpunkt $S\,(u/v)$	$a \neq 0$: **Formfaktor** (Dehnung/Stauchung) in y-Richtung und Spiegelung an der x-Achse bei $a < 0$ u: Verschiebung in x-Richtung v: Verschiebung in y-Richtung
	Linearfaktorform $f(x) = a\,(x - x_{01})\,(x - x_{02})$ **Scheitelstelle:** $x_S = x_{01} + \frac{x_{02} - x_{01}}{2}$	$a \neq 0$: **Formfaktor** (Dehnung/Stauchung) in y-Richtung und Spiegelung an der x-Achse bei $a < 0$ x_{01}, x_{02}: Nullstellen
Lösung einer quadratischen Gleichung (Nullstellen einer Parabel)	**Normalform** $f(x) = x^2 + px + q$	**Nullstellen:** $f(x) = 0$ ***p*-*q*-Formel:** $x_{01/02} = -\frac{p}{2} \pm \sqrt{\left(\frac{p}{2}\right)^2 - q}$
	Allgemeine Form $f(x) = ax^2 + bx + c$	**Nullstellen:** $f(x) = 0$ ***a*-*b*-*c*-Formel (Mitternachtsformel):** $x_{01/02} = \frac{-b \pm \sqrt{b^2 - 4\,ac}}{2\,a}$
Satz vom Nullprodukt	Ein Produkt wird immer dann 0, wenn mindestens einer der Faktoren 0 ist.	
Anzahl der Lösungen einer quadratischen Gleichung (Anzahl der Nullstellen einer Parabel)	**Diskriminante D:** Term unter der Wurzel in der p-q-Formel oder a-b-c-Formel für die p-q-Formel: $D = \left(\frac{p}{2}\right)^2 - q$ für die a-b-c-Formel: $D = b^2 - 4\,ac$ • **D > 0:** zwei Lösungen (zwei **einfache Nullstellen**) • **D = 0:** eine Lösung (eine **doppelte Nullstelle**) • **D < 0:** keine Lösung, **keine Nullstelle**	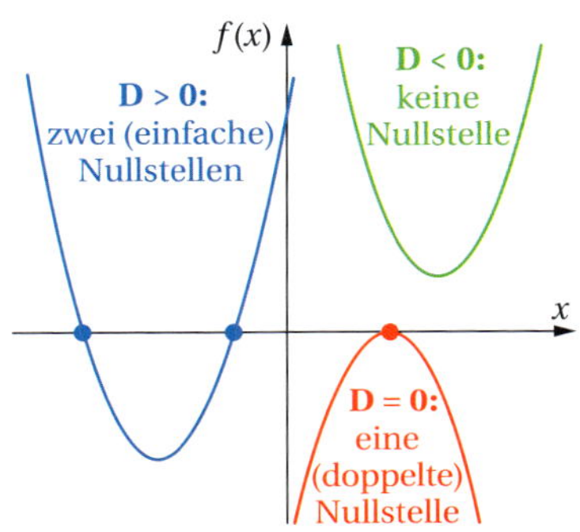

4.5 Potenzfunktionen

Gleichung einer einfachen Potenzfunktion	$f(x) = x^n;\ n \in \mathbb{Z}\setminus\{0\}$		• **für positive *n*:** Potenzfunktion *n*-ten Grades • **für negative *n*:** Hyperbel	
Globalverhalten und Symmetrie der Graphen einfacher Potenzfunktionen		***n* gerade**	***n* ungerade**	
	***n* > 0**	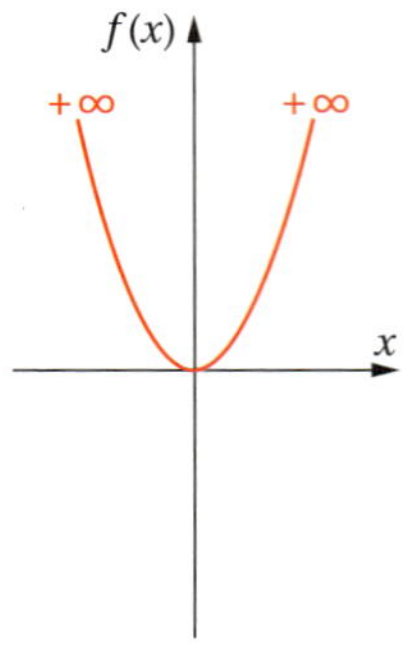	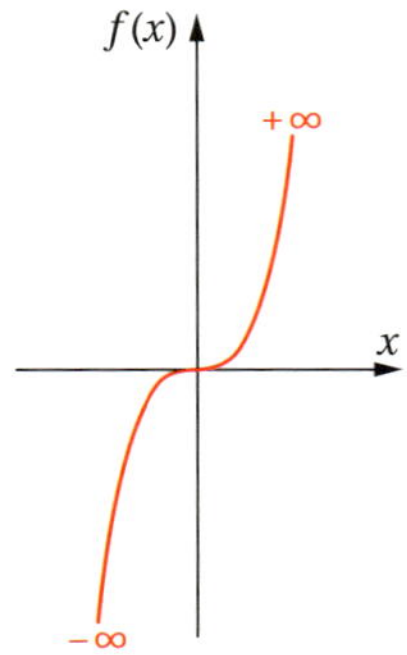	$D(f) = \mathbb{R}$
	***n* < 0**	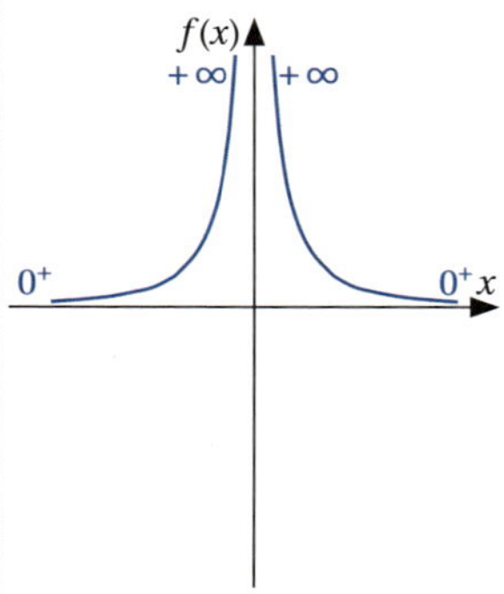	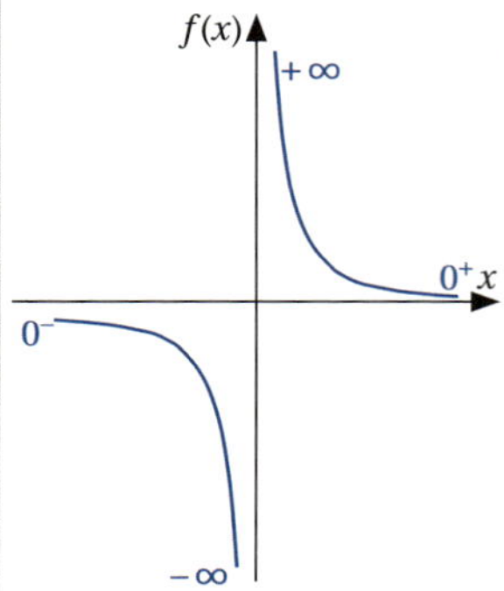	$D(f) = \mathbb{R}^*$
		Achsensymmetrie zur *y*-Achse: $f(x) = f(-x)$	**Punktsymmetrie zum Ursprung:** $f(x) = -f(-x)$	

<table>
<tr>
<td rowspan="2">Eigenschaften der Potenzfunktionen mit negativem Exponenten n (Hyperbeln)</td>
<td>$f(x) = x^{-n} = \frac{1}{x^n}$; $n > 0$
mit $D(f) = \mathbb{R} \setminus \{0\}$</td>
<td>Der Graph von $f(x) = \frac{1}{x^n}$ heißt Hyperbel.</td>
</tr>
<tr>
<td>
<ul>
<li>Polstelle bei $x = 0$</li>
<li>Polgerade: heißt die vertikale Gerade, an die sich die Funktionswerte für $x \to 0$ annähern.</li>
<li>Gleichung der Polgeraden:
$x = 0$</li>
<li>Asymptote: heißt die horizontale Gerade, an die sich die Funktionswerte für $x \to \pm\infty$ annähern.</li>
<li>Gleichung der Asymptote:
$f^*(x) = 0$</li>
</ul>
</td>
<td>
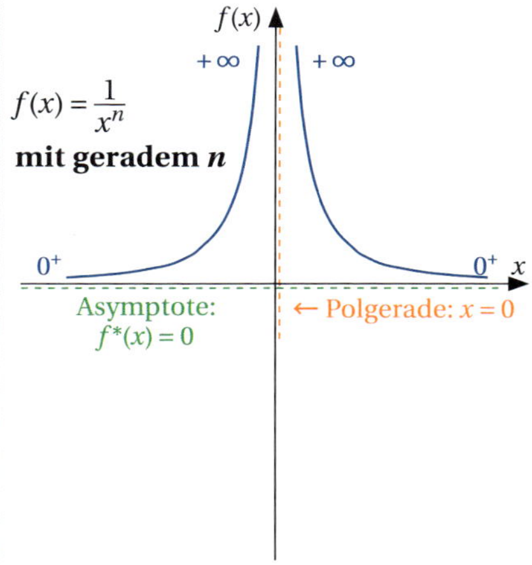

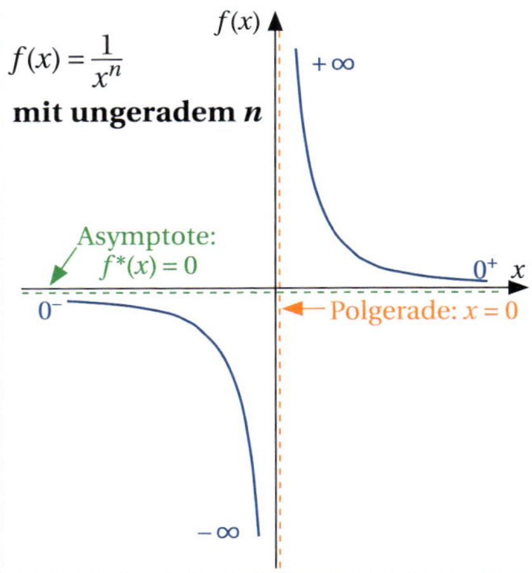

</td>
</tr>
</table>

Parametervariationen bei Potenzfunktionen	$f(x) = a(b(x-c))^n + d$	$a, b \neq 0$
	• **Formfaktor *a***	**Dehnung/Stauchung** des Graphen in ***y*-Richtung** mit dem **Faktor *a*** und **Spiegelung an der *x*-Achse** bei $a < 0$
	• ***b***	**Dehnung/Stauchung** des Graphen **in *x*-Richtung mit dem Faktor $\frac{1}{b}$** und **Spiegelung an der *y*-Achse** bei $b < 0$ oder: **Dehnung/Stauchung** des Graphen **in *y*-Richtung mit dem Faktor b^n** und ggf. **Spiegelung an der *x*-Achse**
	• ***c***	**Verschiebung des Graphen in *x*-Richtung um *c***
	• ***d***	**Verschiebung des Graphen in *y*-Richtung um *d***
Wurzelfunktionen als Potenzfunktionen	$f(x) = x^{\frac{1}{u}} = \sqrt[u]{x}$	
	$f(x) = \sqrt[u]{x}$ für **gerade Wurzelexponenten *u***	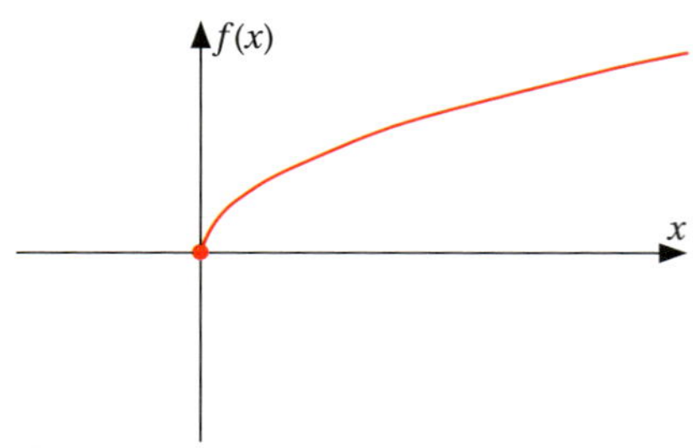
	$f(x) = \sqrt[u]{x}$ für **ungerade Wurzelexponenten *u***	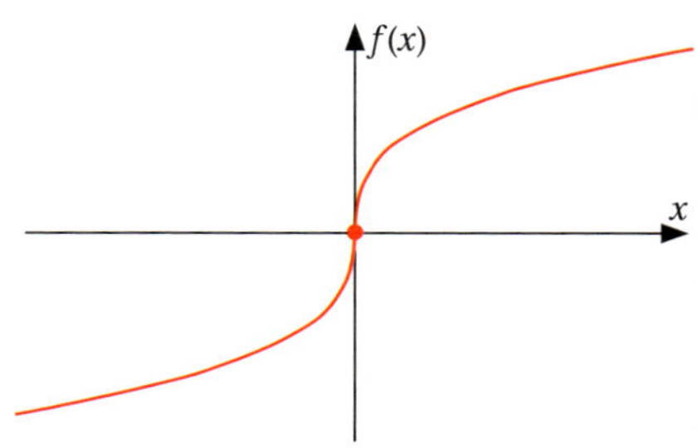

4.6 Exponentialfunktionen

Explizite Darstellung	$f(x) = b^x; b \in \mathbb{R}_+^* \setminus \{1\}$	**Basis *b*: Wachstumsfaktor oder Vervielfachungsfaktor** bei gegebenem Prozentsatz *p* für das Wachstum ist: $b = 1 \pm p$
Rekursive Darstellung	$f(x+1) = f(x) \cdot b$ $\Leftrightarrow b = \dfrac{f(x+1)}{f(x)}$	

Exponentielles Wachstum

- **Exponentielle Zunahme:**
  $f(x) = b^x$
  mit $b > 1$

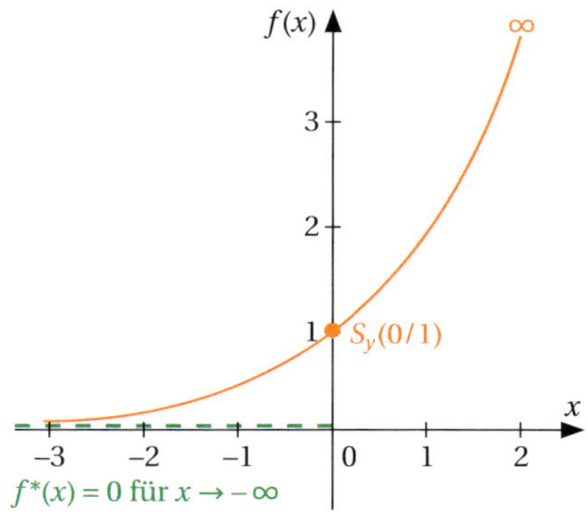

- **Exponentielle Abnahme** (exponentieller Zerfall):
  $f(x) = b^x$
  mit $0 < b < 1$

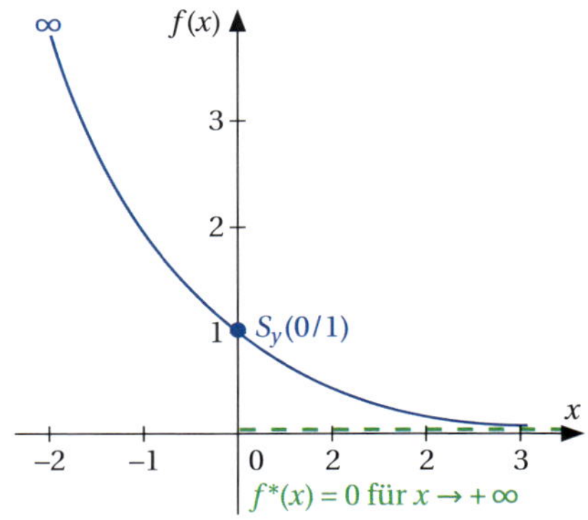

$f(x) = b^x$ und $f(x) = b^{-x} = \left(\frac{1}{b}\right)^x$:
zueinander achsensymmetrisch

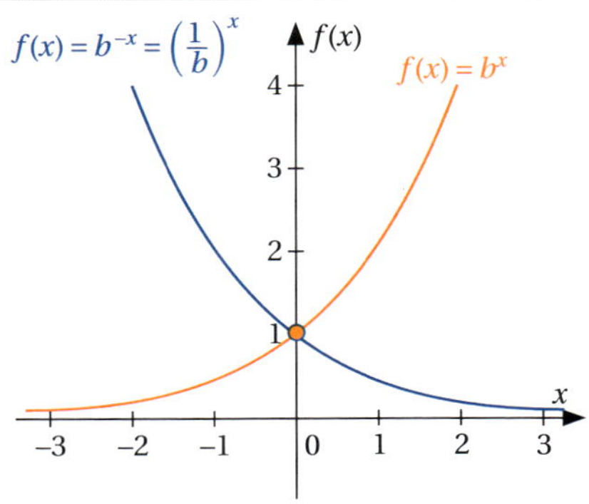

e-Funktion	$f(x) = e^x$	e: eulersche Zahl
Eulersche Zahl e	$\lim\limits_{x \to \infty} \left(1 + \frac{1}{x}\right)^x = e \approx 2{,}71828$	
Umwandlung einer Exponentialfunktion in eine e-Funktion	$f(x) = b^x \Leftrightarrow f(x) = e^{\ln(b) \cdot x} = e^{x \cdot \ln b}$	
Parametervariationen	$\boldsymbol{f(x) = a \cdot (\text{Basis})^{b \cdot (x-c)} + d}$	$a, b \neq 0$
	• $\boldsymbol{a \neq 0}$**: Formfaktor**	**Dehnung/Stauchung** des Graphen **in y-Richtung mit dem Faktor a** und **Spiegelung an der x-Achse** bei $a < 0$
	• $\boldsymbol{b \neq 0}$	**Dehnung/Stauchung** des Graphen **in x-Richtung mit dem Faktor $\frac{1}{b}$** und **Spiegelung an der y-Achse**
	• $\boldsymbol{c}$	**Verschiebung des Graphen in x-Richtung um c**
	• $\boldsymbol{d}$	**Verschiebung in y-Richtung um d**

4.7 Sinusfunktionen

Definition des Sinus	$\sin \alpha = \frac{\text{Gegenkathete}}{\text{Hypotenuse}}$	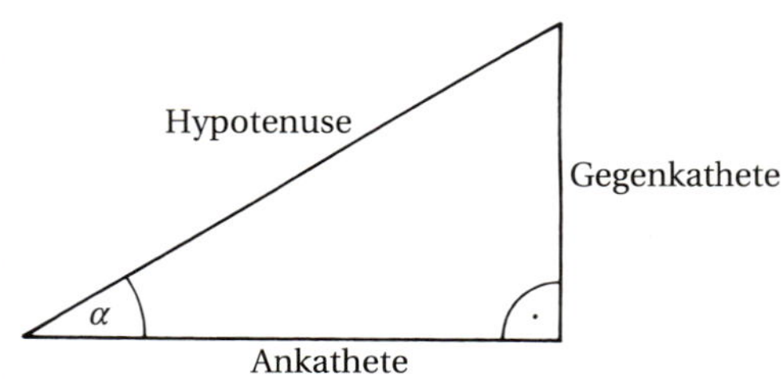
Gleichung der Sinusfunktion	$f(x) = \sin x$	$D(f) = \mathbb{R}$ $W(f) = [-1; 1]$

Graph der Sinusfunktion	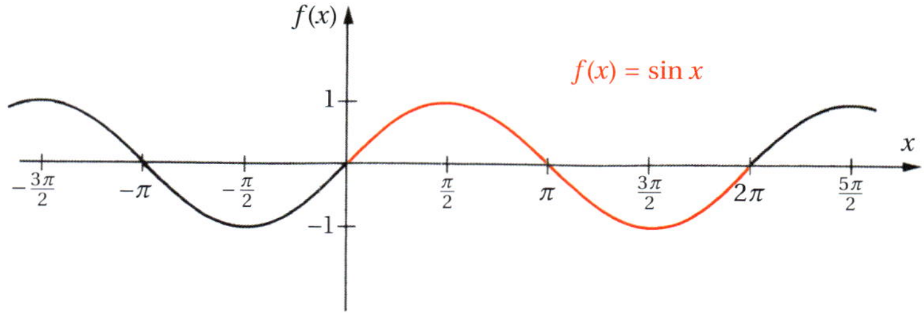	
Umrechnung von Gradmaß und Bogenmaß und umgekehrt	**Kreis mit beliebigem Radius *r*** • Umrechnung Gradmaß α in Bogenmaß x [rad] $x = \frac{\pi \cdot r \cdot \alpha}{180°}$ • Umrechnung Bogenmaß x [rad] in Gradmaß α $\alpha = \frac{180° \cdot x}{\pi \cdot r}$	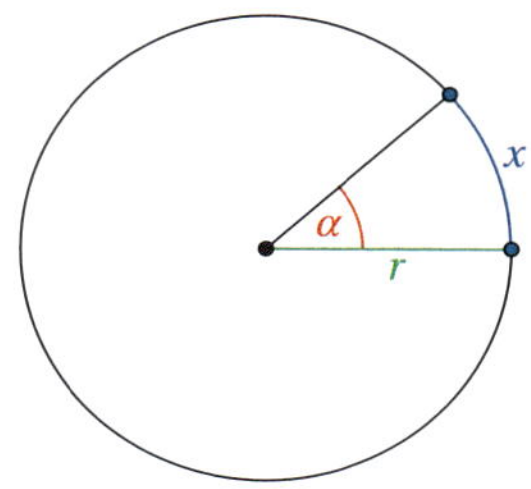
	Im Einheitskreis • Umrechnung Gradmaß α in Bogenmaß x [rad] $x = \frac{\pi \cdot \alpha}{180°}$ • Umrechnung Bogenmaß x [rad] in Gradmaß α $\alpha = \frac{180° \cdot x}{\pi}$	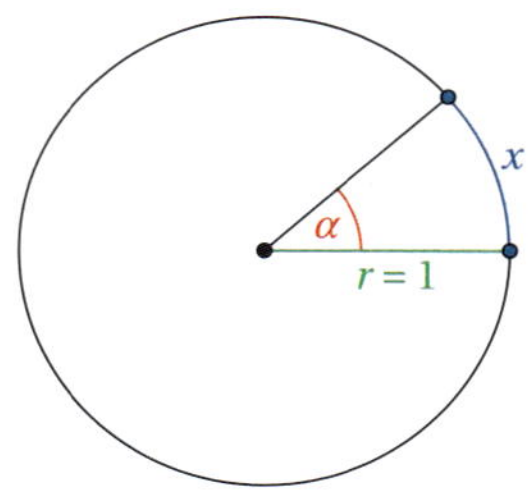
Parametervariationen	$f(x) = a \sin b\,(x - c) + d$	$a, b \neq 0$
	• **$a \neq 0$: Formfaktor**	**Dehnung/Stauchung** des Graphen **in y-Richtung mit dem Faktor a** und **Spiegelung an der x-Achse** bei $a < 0$
	• **$b \neq 0$**	**Dehnung/Stauchung in x-Richtung mit dem Faktor $\frac{1}{b}$** und ggf. **Spiegelung an der y-Achse** • Neue **Periodenlänge:** $\frac{2\pi}{b}$
	• **c**	**Verschiebung in x-Richtung um c**
	• **d**	**Verschiebung in y-Richtung um d**

4.8 Ganzrationale Funktionen

Polynomform	$f(x) = a_n x^n + a_{n-1} x^{n-1} + \ldots + a_2 x^2 + a_1 x + a_0$ mit $a_0, \ldots, a_{n-1} \in \mathbb{R}$; $a_n \in \mathbb{R}^*$ (Addition mehrerer Potenzfunktionen) n: **Grad der Funktion** $a_1, a_2, \ldots, a_n$: **Koeffizienten** (Beizahlen) a_0: **Absolutglied** (Ordinatenabschnitt des Graphen)	
Globalverhalten	Für $x \to \pm\infty$ verläuft der Graph einer ganzrationalen Funktion wie der Graph des Glieds mit dem größten Exponenten.	
Symmetrieverhalten zum Koordinatensystem	**Achsensymmetrie zur y-Achse:** • $f(x) = f(-x)$ • **nur gerade Exponenten** im Funktionsterm (**gerade Funktion**)	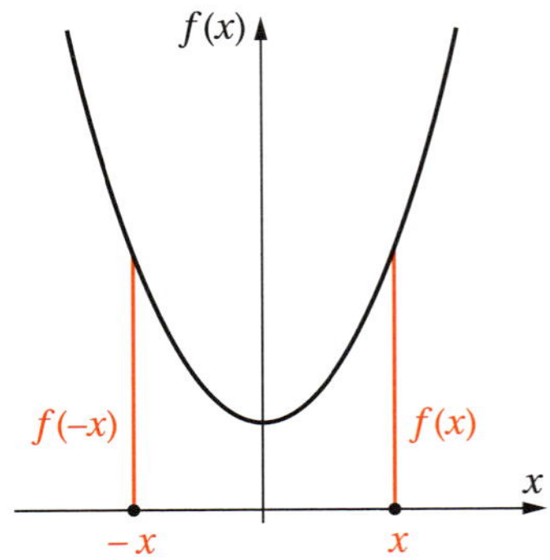
	Punktsymmetrie zum Koordinatenursprung: • $f(x) = -f(-x)$ • **nur ungerade Exponenten** im Funktionsterm (**ungerade Funktion**)	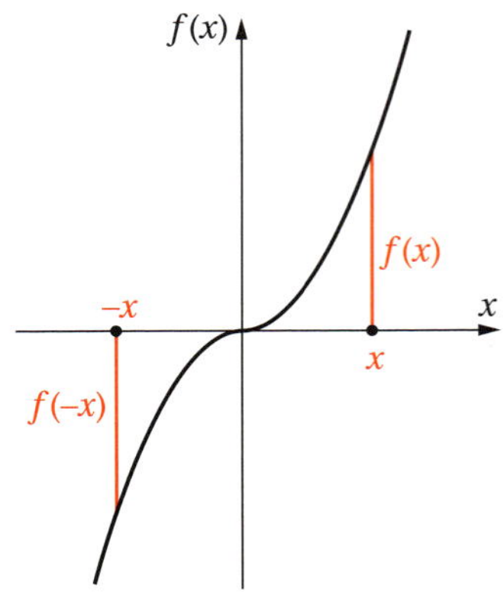
Linearfaktordarstellung	$f(x) = a\,(x - x_{01}) \cdot (x - x_{02}) \cdot \ldots \cdot (x - x_{0n})$ a: **Formfaktor** (Dehnungs-/Stauchungs-/Spiegelungsfaktor) **Nullstellen:** $x_{01}, x_{02}, \ldots, x_{0n}$	

Nullstellen	Eine ganzrationale Funktion n-ten Grades hat **höchstens n Nullstellen**.	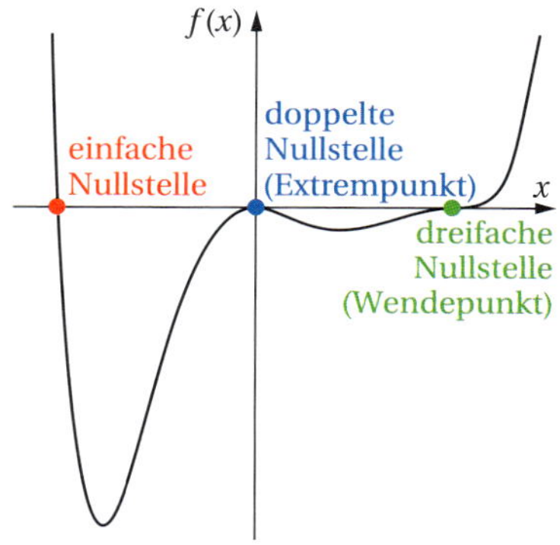

4.9 Gebrochen-rationale Funktionen

Definition und Bezeichnung	$f(x) = \frac{Z(x)}{N(x)}$	$Z(x)$: Zählerfunktion $N(x)$: Nennerfunktion (mindestens 1. Grades)
Echt/unecht gebrochen-rationale Funktionen	• **echt gebrochen-rationale Funktion:** Grad des Zählers < Grad des Nenners • **unecht gebrochen-rationale Funktion:** Grad des Zählers ≥ Grad des Nenners	
Hyperbel	$f(x) = \frac{1}{x^n}$ mit n ungerade	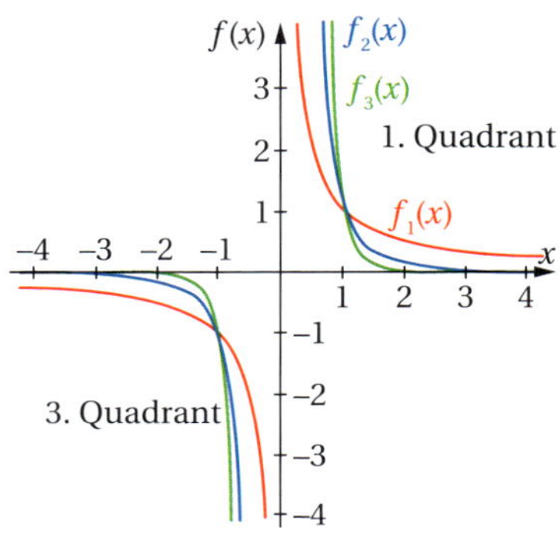

<table>
<tr><td>Hyperbel
(Fortsetzung)</td><td>$f(x) = \frac{1}{x^n}$ mit n gerade</td><td>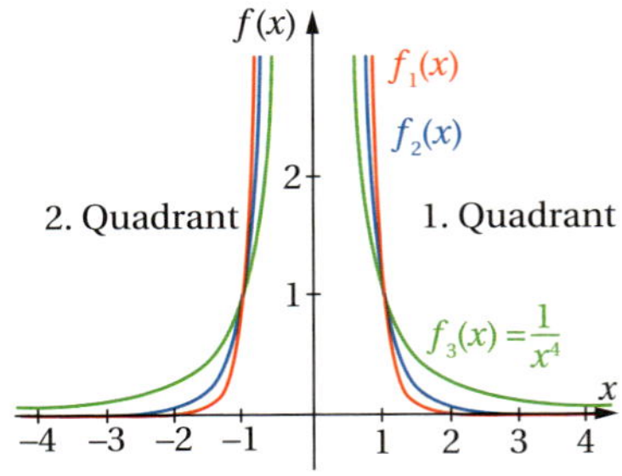
</td></tr>
<tr><td>Definitions-lücken, Definitions-bereich</td><td colspan="2">Definitionslücken sind nicht definierte Stellen $x_{\text{n. d.}}$:
$f(x) = \frac{Z(x)}{N(x)}$
$N(x) = 0 \Rightarrow x_{\text{n. d.}} \Rightarrow D_{\max}(f) = \mathbb{R} \setminus \{x_{\text{n. d.}}\}$</td></tr>
<tr><td>Polstelle (senkrechte Asymptote)</td><td>$f(x) = \frac{Z(x)}{N(x)}$
$N(x_{\text{n. d.}}) = 0 \wedge Z(x_{\text{n. d.}}) \neq 0$</td><td>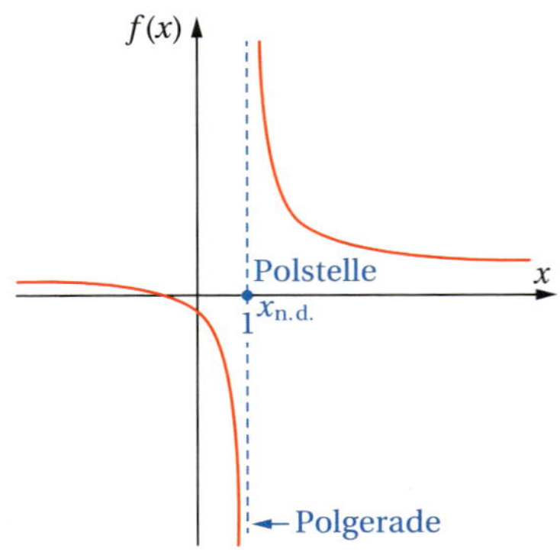
</td></tr>
<tr><td>hebbare Lücke (behebbare Lücke, schließ-bare Lücke)</td><td>$f(x) = \frac{Z(x)}{N(x)}$
$N(x_{\text{n. d.}}) = 0 \wedge Z(x_{\text{n. d.}}) = 0$</td><td>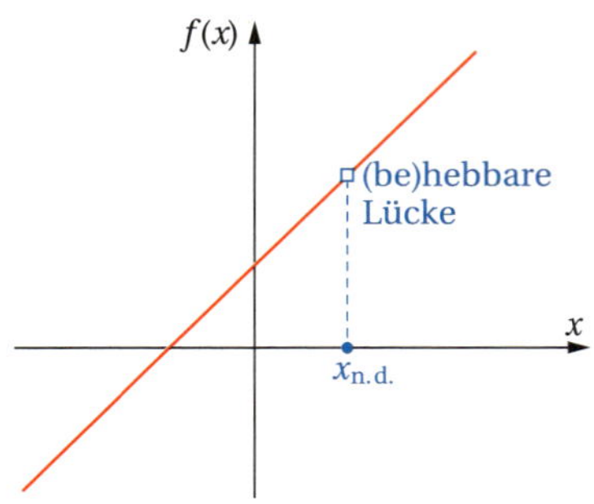
</td></tr>
<tr><td>Asymptote</td><td colspan="2">Eine Funktion f^* mit $f^*(x)$, der sich die Funktionswerte einer Funktion f für $x \to \pm\infty$ beliebig nähern, heißt Asymptote (Näherungskurve):
$\lim\limits_{x \to -\infty} f(x) = f^*(x)$ oder $\lim\limits_{x \to \infty} f(x) = f^*(x)$</td></tr>
</table>

Asymptote bei echt gebrochen-rationalen Funktionen	Grad des Zählers < Grad des Nenners ⇒ Asymptotengleichung: $f^*(x) = 0$	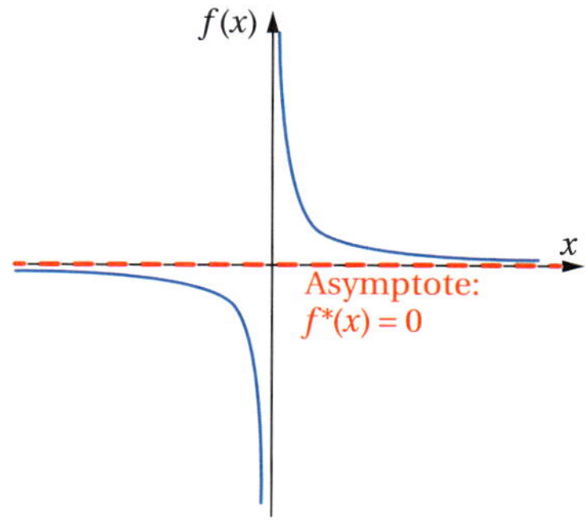

4.10 Verkettete Funktionen

Verkettete Funktionen	$f = ä \circ i$	*ä*: äußere Funktion *i*: innere Funktion
	$ä \circ i \neq i \circ ä$	
Gleichung einer verketteten Funktion	Allgemein: $f(x) = ä\,[i\,(x)]$ Sonderfall lineare Verkettung: $f(x) = ä\,[mx + b]$	

5 Differenzialrechnung

5.1 Grundbegriffe

Differenzenquotient

$P_1(x_1 / f(x_1)); P_2(x_2 / f(x_2))$

Sekantensteigung:

$$m_s = \frac{\Delta y}{\Delta x}$$

$$m_s = \frac{f(x_2) - f(x_1)}{x_2 - x_1}$$

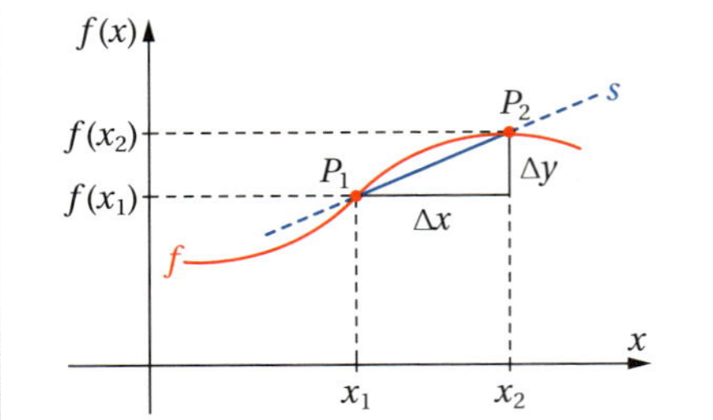

***h*-Methode:**

$P_1(x / f(x)); P_2(x+h / f(x+h))$

Sekantensteigung:

$$m_s = \frac{f(x+h) - f(x)}{h}$$

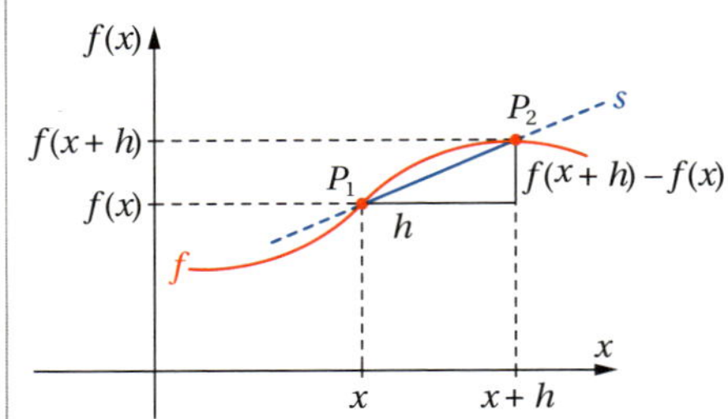

***x*-Methode:**

$P_1(x_0 / f(x_0)); P_2(x / f(x))$

Sekantensteigung:

$$m_s = \frac{f(x) - f(x_0)}{x - x_0}$$

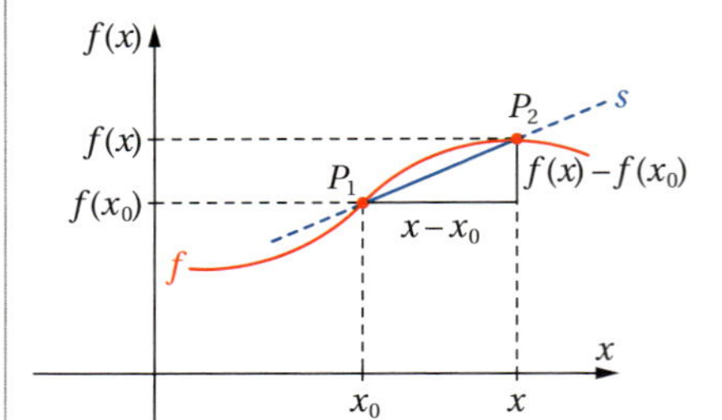

Differenzialquotient

Mathematisch, grafisch: Steigung m_t der **Tangente** t an einem Graphen in einem Punkt P

Anwendungsbezogen: **momentane (punktuelle) Änderungsrate** der Funktionswerte an einer Stelle

***h*-Methode:**

$P_1(x / f(x)); P_2(x+h / f(x+h))$

Tangentensteigung:

$$f'(x) = m_t = \lim_{h \to 0} \frac{f(x+h) - f(x)}{h}$$

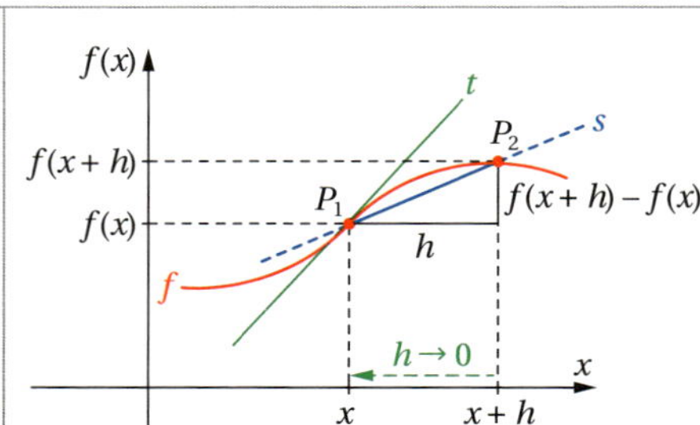

Differenzial-quotient *(Fortsetzung)*	***x*-Methode:** $P_1(x_0/f(x_0));\ P_2(x/f(x))$ Tangentensteigung: $f'(x) = m_t = \lim\limits_{x \to x_0} \dfrac{f(x) - f(x_0)}{x - x_0}$	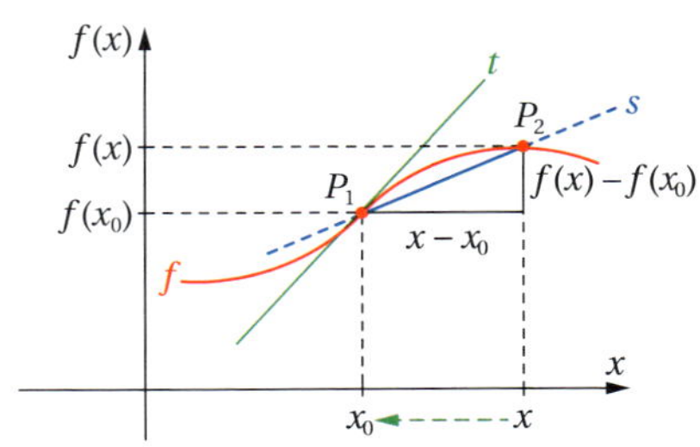
Differenzial	**Leibnizsche Schreibweise des Differenzialquotienten:** $f'(x) = \lim\limits_{\Delta x \to 0} \dfrac{\Delta y}{\Delta x} = \dfrac{dy}{dx}$ **Differenzial** d*y*: ein beliebig kleines Teilstück von Δy; d*x* ein beliebig kleines Teilstück von Δx	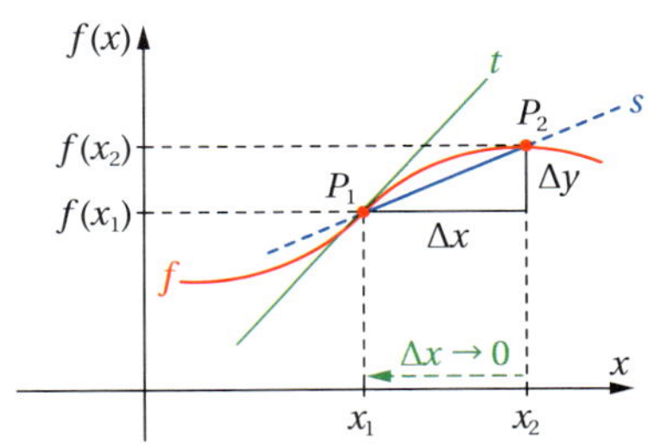
Tangente	**Tangente** *t*: eine Gerade, die einen Graphen *f* in einem Punkt *P* (an einer Stelle *x*) berührt Steigung der Tangente: $m_t = f'(x)$	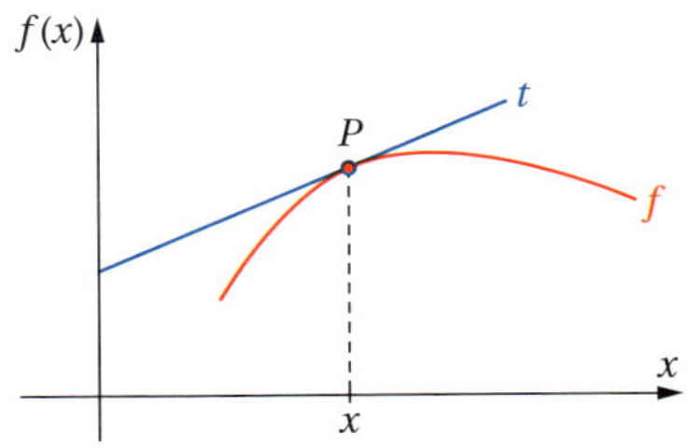
Normale	**Normale** *n*: verläuft senkrecht (orthogonal) zur Tangente *t* in einem Punkt *P* Steigung m_n einer Normalen: $m_n = -\dfrac{1}{m_t} = -\dfrac{1}{f'(x)}$	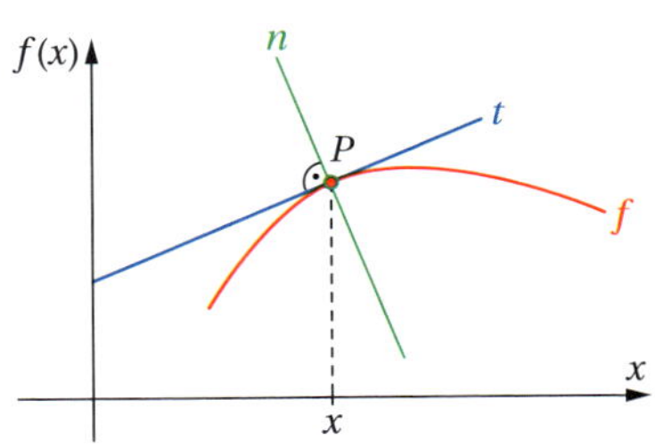

5.2 Ableitungsregeln (Differenziationsregeln)

Potenzregel	$f(x) = x^n$	$\Rightarrow f'(x) = n \cdot x^{n-1}$
Faktorregel	$f(x) = a \cdot u(x)$	$\Rightarrow f'(x) = a \cdot u'(x)$
Potenz- mit Faktorregel	$f(x) = a \cdot x^n$	$\Rightarrow f'(x) = a \cdot n \cdot x^{n-1}$
Summenregel, Differenzregel	$f(x) = u(x) \pm v(x)$	$\Rightarrow f'(x) = u'(x) \pm v'(x)$
Produktregel	$f(x) = u(x) \cdot v(x)$	$\Rightarrow f'(x) = u'(x) \cdot v(x) + u(x) \cdot v'(x)$
Quotienten-regel	$f(x) = \frac{u(x)}{v(x)}$	$\Rightarrow f'(x) = \frac{u'(x) \cdot v(x) - u(x) \cdot v'(x)}{[v(x)]^2}$
Kettenregel	$f(x) = ä[i(x)]$ $ä$: äußere Funktion i: innere Funktion	$\Rightarrow f'(x) = ä'[i(x)] \cdot i'(x)$ $ä'(i(x))$: Ableitung der äußeren Funktion unter Beibehaltung der inneren Funktion $i'(x)$: Ableitung der inneren Funktion
Kettenregel bei linearer Verkettung (lineare Kettenregel)	$f(x) = ä[mx + b]$ $ä$: äußere Funktion $mx + b$: lineare innere Funktion	$\Rightarrow f'(x) = m \cdot ä'(mx + b)$ m: Ableitung der linearen inneren Funktion $ä'(mx + b)$: Ableitung der äußeren Funktion unter Beibehaltung der linearen inneren Funktion

5.3 Ableitung der Grundfunktionen

Grundfunktion $f(x)$	**1. Ableitung $f'(x)$**	**2. Ableitung $f''(x)$**
$f(x) = a$	$f'(x) = 0$	$f''(x) = 0$
$f(x) = b^x$	$f'(x) = b^x \cdot \ln b$	$f''(x) = b^x \cdot (\ln b)^2$
$f(x) = e^x$	$f'(x) = e^x$	$f''(x) = e^x$
$f(x) = \log_b x$	$f'(x) = \frac{1}{x \cdot \ln b}$	$f''(x) = -\frac{1}{x^2 \cdot \ln b}$

Grundfunktion $f(x)$	**1. Ableitung $f'(x)$**	**2. Ableitung $f''(x)$**
$f(x) = \ln x$	$f'(x) = \frac{1}{x}$	$f''(x) = -\frac{1}{x^2}$
$f(x) = \sqrt{x}$	$f'(x) = \frac{1}{2\sqrt{x}}$	$f''(x) = -\frac{1}{4x\sqrt{x}}$
$f(x) = \sin x$	$f'(x) = \cos x$	$f''(x) = -\sin x$
$f(x) = \cos x$	$f'(x) = -\sin x$	$f''(x) = -\cos x$

5.4 Extrempunkte und Monotonie

Begriffe

Lokaler Extrempunkt

- **Lokaler Hochpunkt**
  - **Lokale Maximalstelle**
  - **Lokales Maximum**
- **Lokaler Tiefpunkt**
  - **Lokale Minimalstelle**
  - **Lokales Minimum**

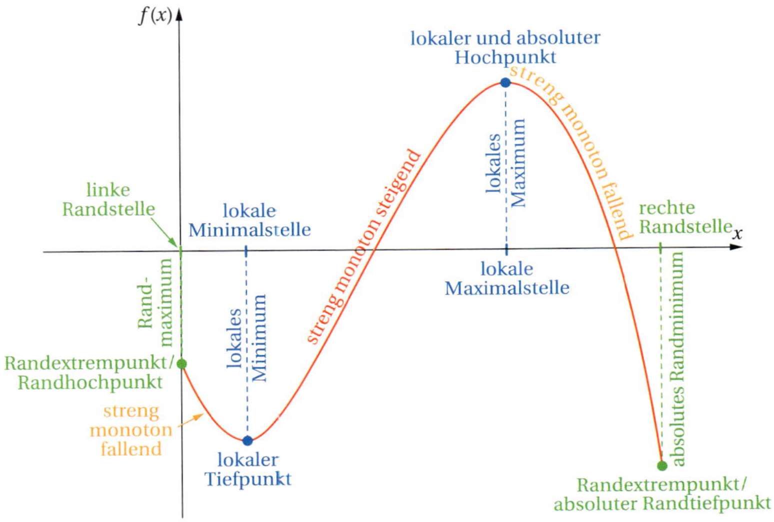

Hochpunkt	notwendige Bedingung: $f'(x) = 0$ hinreichende Bedingung: $f'(x) = 0$ und $f''(x_E) < 0$ oder: hinreichende Bedingung: $f'(x) = 0$ und Vorzeichenwechsel von $f'(x)$ bei x_E von + nach – mit wachsendem x	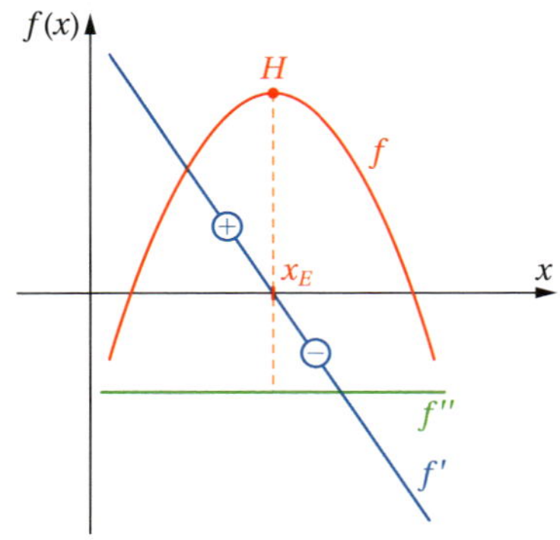
Tiefpunkt	notwendige Bedingung: $f'(x) = 0$ hinreichende Bedingung: $f'(x) = 0$ und $f''(x_E) > 0$ oder: hinreichende Bedingung: $f'(x) = 0$ und Vorzeichenwechsel von $f'(x)$ bei x_E von – nach + mit wachsendem x	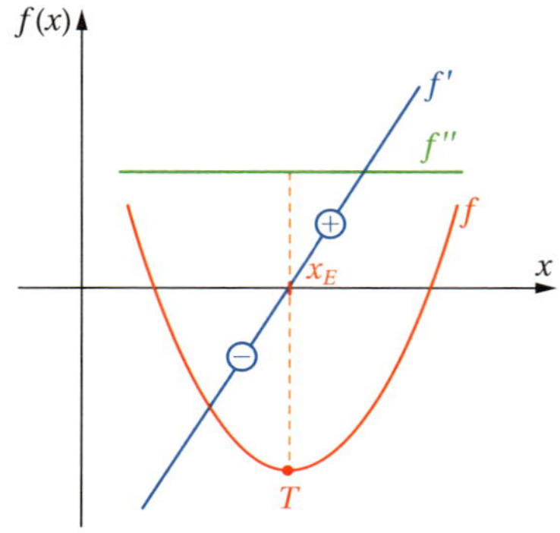
Extrempunkt	notwendige Bedingung: $f'(x) = 0$ hinreichende Bedingung: $f'(x) = 0$ und $f''(x_E) \neq 0$ oder: hinreichende Bedingung: $f'(x) = 0$ und Vorzeichenwechsel von $f'(x)$ bei x_E	
Monotonie	$f'(x) > 0$	⇒ streng monoton wachsend (steigend)
	$f'(x) \geq 0$	⇒ monoton wachsend (steigend)
	$f'(x) < 0$	⇒ streng monoton abnehmend (fallend)
	$f'(x) \leq 0$	⇒ monoton abnehmend (fallend)

5.5 Wendepunkte und Krümmung

Begriffe	**Wendepunkt *W*:** Das Krümmungsverhalten des Graphen ändert sich im Wendepunkt. **Wendestelle x_W:** x-Wert des Wendepunktes **Rechtskrümmung:** Die Steigung des Funktionsgraphen nimmt ab. **Linkskrümmung:** Die Steigung des Funktionsgraphen nimmt zu. **Wendetangente t_w:** Tangente an den Graphen im Wendepunkt	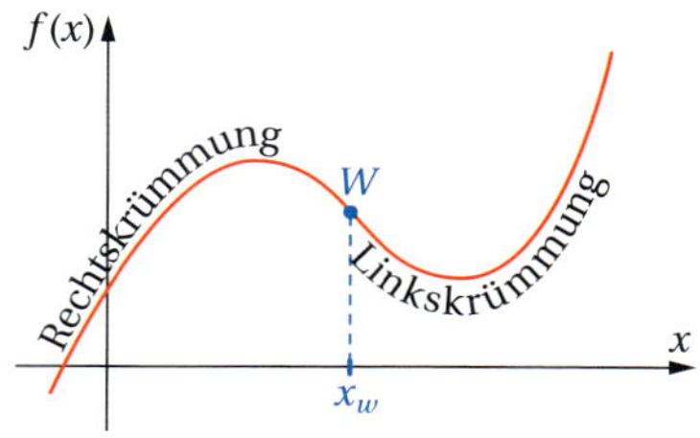 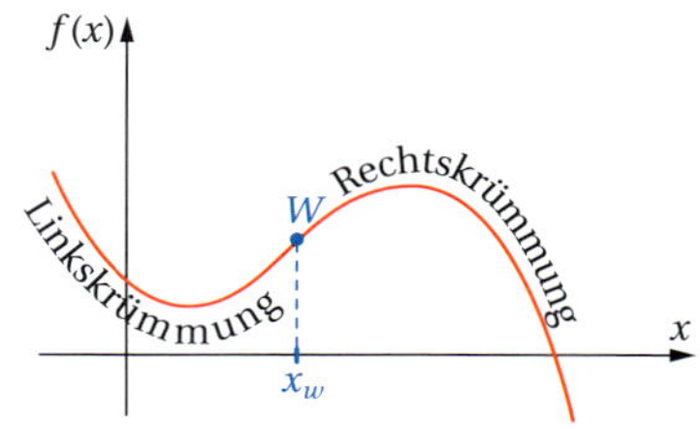
Wendepunkt *W*	notwendige Bedingung: $f''(x) = 0$ hinreichende Bedingung: $f''(x) = 0$ und $f'''(x_W) \neq 0$ oder: hinreichende Bedingung: $f''(x) = 0$ und Vorzeichenwechsel von $f''(x)$ bei x_W	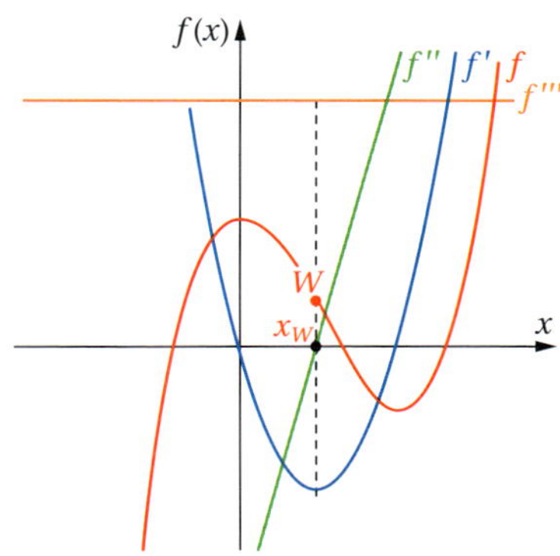
	$f'''(x_W) > 0 \Rightarrow$ Rechts-Links-Wendepunkt $f'''(x_W) < 0 \Rightarrow$ Links-Rechts-Wendepunk	
Sattelpunkt W_s	**Wendepunkt W_S mit waagerechter Tangente** notwendige Bedingung: $f'(x) = 0$ und $f''(x) = 0$ hinreichende Bedingung: $f'(x) = 0$ und $f''(x) = 0$ und $f'''(x_W) \neq 0$ oder: hinreichende Bedingung: $f'(x) = 0$ und $f''(x) = 0$ und Vorzeichenwechsel von $f''(x)$ bei x_W	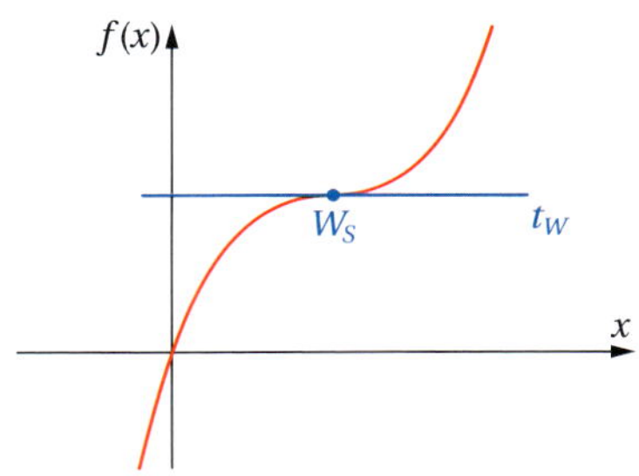
Krümmung	$f''(x) > 0$	$\Rightarrow$ Linkskrümmung
	$f''(x) < 0$	$\Rightarrow$ Rechtskrümmung

5.6 Progressiv oder degressiv steigender oder fallender Verlauf eines Graphen

		$f''(x)$	
		$f''(x) > 0$ ⇒ Graph linksgekrümmt	$f''(x) < 0$ ⇒ Graph rechtsgekrümmt
$f'(x)$	$f'(x) > 0$ ⇒ Graph steigt	Graph steigt progressiv (links gekrümmt)	Graph steigt degressiv (rechts gekrümmt)
	$f'(x) < 0$ ⇒ Graph fällt	Graph fällt degressiv (links gekrümmt)	Graph fällt progressiv (rechts gekrümmt)

6 Integralrechnung

6.1 Grundbegriffe

Stamm-funktion	Stammfunktion F mit $F'(x) = f(x)$	
Unbestimmtes Integral	$\int f(x)\,\mathrm{d}x = F(x) + C$	$f(x)$: **Integrand** x: **Integrationsvariable** $\mathrm{d}x$: **Differenzial** von x (ein beliebig kleines Teilstück von Δx) $F(x)$: **Stammfunktion** von $f(x)$ mit $F'(x) = f(x)$ $F(x) + C$: **Menge aller Stamm-funktionen** zu $f(x)$ C: **Integrationskonstante**
Bestimmtes Integral (Hauptsatz der Differenzial- und Integral-rechnung)	$\int_a^b f(x)\,\mathrm{d}x = [F(x)]_a^b = F(b) - F(a)$	$F(b) - F(a)$ ist eine reelle Zahl. a: **untere Integrationsgrenze** b: **obere Integrationsgrenze** $f(x)$: **Integrand** x: **Integrationsvariable** $\mathrm{d}x$: **Differenzial** von x (ein beliebig kleines Teilstück von Δx)

Eigenschaften des bestimmten Integrals	$\int_a^a f(x)\,dx = 0$ $\int_a^b f(x)\,dx = -\int_b^a f(x)\,dx$ $\int_a^c f(x)\,dx = \int_a^b f(x)\,dx + \int_b^c f(x)\,dx$	$b \in [a; c]$

6.2 Integrationsregeln

	$\int f(x)\,dx$	$F(x) + C$
Potenzregel	$\int x^n\,dx;\ n \neq -1$	$= \frac{1}{n+1} x^{n+1} + C$
Faktorregel	$\int a \cdot f(x)\,dx$	$= a \cdot \int f(x)\,dx + C$ $= a \cdot F(x) + C$
Potenz- mit Faktorregel	$\int ax^n\,dx;\ n \neq -1$	$= \frac{1}{n+1} ax^{n+1} + C$
Summenregel, Differenzregel	$\int (u(x) \pm v(x))\,dx$	$= \int u(x)\,dx \pm \int v(x)\,dx$
Lineare Kettenregel	$\int f(mx+b)\,dx$	$= \frac{1}{m} \cdot F(mx+b) + C$

6.3 Grundintegrale und weitere Integrale

$\int 0\,dx = C$	
$\int a\,dx = ax + C$	
$\int x\,dx = \frac{1}{2}x^2 + C$	
$\int x^n\,dx = \frac{1}{n+1}x^{n+1} + C$	$n \neq -1$
$\int \frac{1}{x}\,dx = \ln \lvert x \rvert + C$	$x \neq 0$

$\int \sqrt{x}\,\mathrm{d}x = \frac{2}{3}\sqrt{x^3} + C$	$x > 0$
$\int a^x\,\mathrm{d}x = \frac{a^x}{\ln a} + C$	$a > 0; a \neq 1$
$\int e^x\,\mathrm{d}x = e^x + C$	
$\int \ln x\,\mathrm{d}x = x \cdot \ln\lvert x\rvert - x + C$	$x > 0; x \neq 1$
$\int \frac{1}{x \cdot \ln b}\,\mathrm{d}x = \log_b x + C$	$b \neq 1; x > 0$
$\int \sin x\,\mathrm{d}x = -\cos x + C$	
$\int \cos x\,\mathrm{d}x = \sin x + C$	

6.4 Flächenberechnungen

Orientierte Flächen-maßzahl	$f(x) \geq 0$ im Intervall $[a; b]$ Dann ist: $I = \int_a^b f(x)\,\mathrm{d}x > 0$	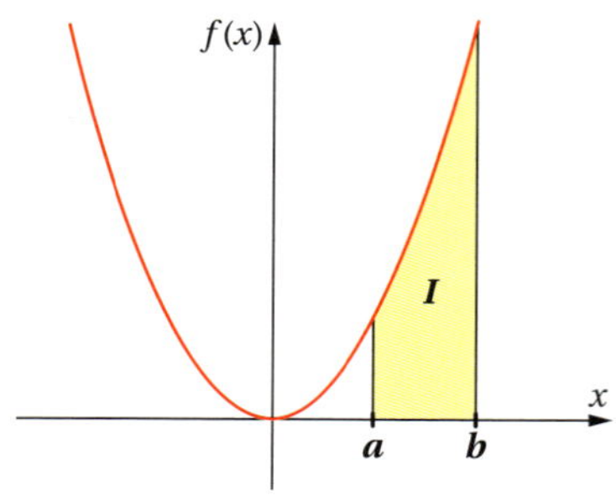
	$f(x) \leq 0$ im Intervall $[a; b]$ Dann ist: $I = \int_a^b f(x)\,\mathrm{d}x < 0$	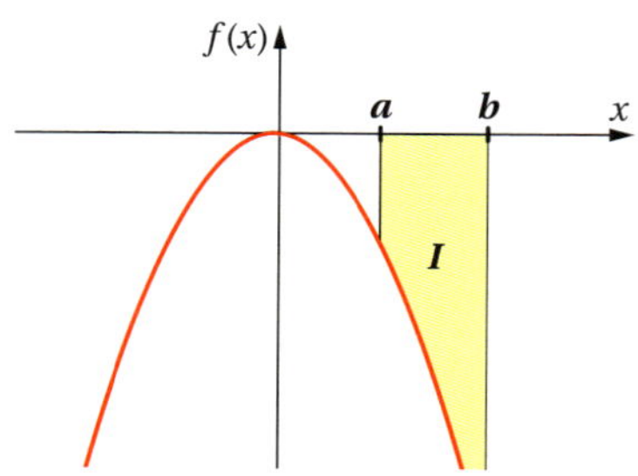

Orientierte Flächen-maßzahl *(Fortsetzung)*	$f(x) \geq 0$ und $f(x) \leq 0$ in einem Intervall $[a; b]$ Dann ist: $I = \int_a^b f(x)\,\mathrm{d}x =$ **Flächenbilanz** (Berücksichtigung der Vorzeichen der orientierten Flächenmaßzahlen)	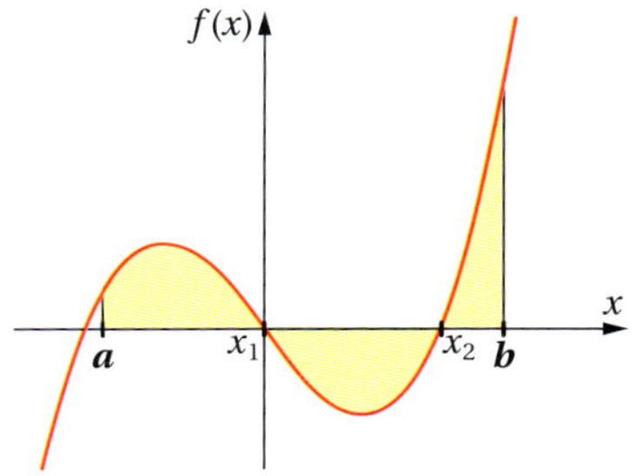
Integral-funktion	$I_a(x) = \int_a^x f(t)\,\mathrm{d}t = \left[F(t)\right]_a^x = F(x) - F(a)$ mit $I_a{}'(x) = f(x)$	**Flächenbilanz** von einer festen unteren Grenze a bis zu einer variablen oberen Grenze x
Tatsächliche Flächen-maßzahl	• **Fläche oberhalb der x-Achse:** $I = \int_a^b f(x)\,\mathrm{d}x,$ wenn $f(x) \geq 0$ für alle $x \in [a; b]$	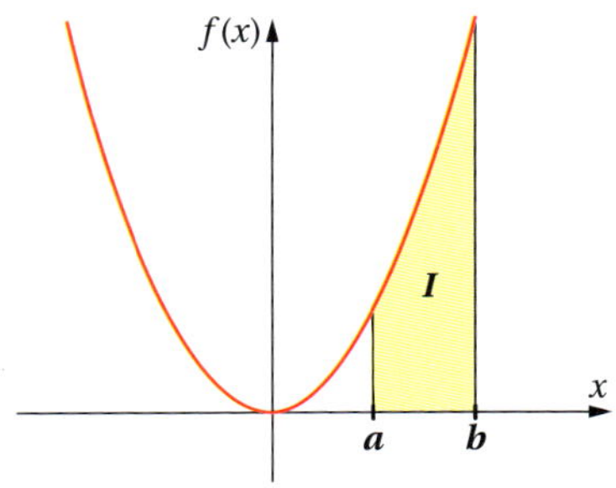
	• **Fläche unterhalb der x-Achse:** $I = \left\lvert \int_a^b f(x)\,\mathrm{d}x \right\rvert,$ wenn $f(x) \leq 0$ für alle $x \in [a; b]$	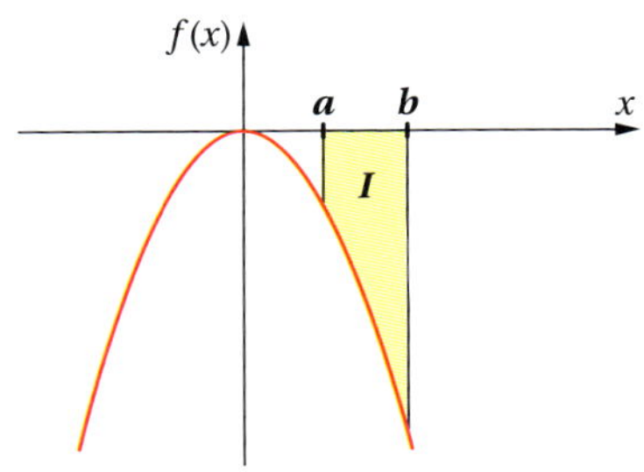
	• **Fläche ober- und unterhalb der x-Achse:** $I = \lvert I_1 \rvert + \lvert I_2 \rvert + \lvert I_3 \rvert$ $= \left\lvert \int_a^{x_1} f(x)\,\mathrm{d}x \right\rvert + \left\lvert \int_{x_1}^{x_2} f(x)\,\mathrm{d}x \right\rvert$ $+ \left\lvert \int_{x_2}^{b} f(x)\,\mathrm{d}x \right\rvert,$ wenn $f(x)$ in $[a; b]$ Nullstellen x_1, x_2 mit Vorzeichenwechsel hat.	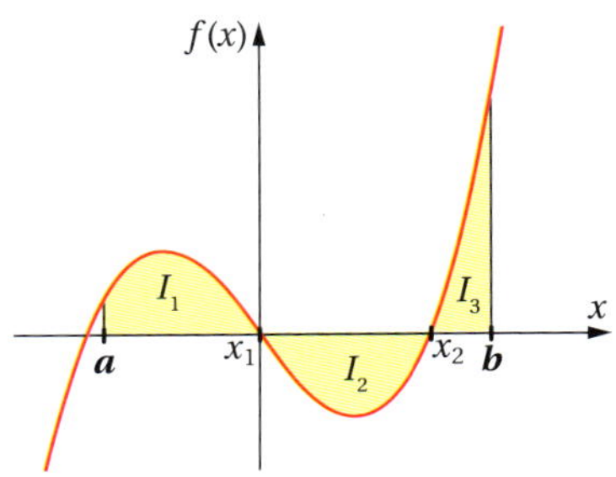

<table>
<tr>
<td rowspan="2">Flächen zwischen Funktionsgraphen</td>
<td>

$h(x) \ge g(x)$ in $[a; b]$,

$$I = \int_a^b \left[h(x) - g(x)\right] \mathrm{d}x$$

Oder mit der **Differenzfunktion:**

$$f_{\text{Diff}}(x) = h(x) - g(x)$$

$$I = \int_a^b f_{\text{Diff}}(x)\,\mathrm{d}x$$

</td>
<td>

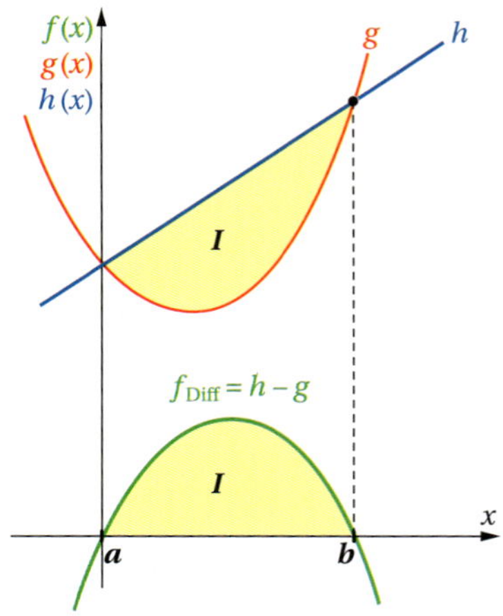

</td>
</tr>
<tr>
<td>

Die Graphen von h und g schneiden sich in $[a; b]$ bei der Schnittstelle x_S

$$I = \lvert I_1 \rvert + \lvert I_2 \rvert$$

$$= \left\lvert \int_a^{x_S} \left[f_{\text{Diff}}(x)\right] \mathrm{d}x \right\rvert + \left\lvert \int_{x_S}^{b} \left[f_{\text{Diff}}(x)\right] \mathrm{d}x \right\rvert$$

$$= \left\lvert \int_a^{x_S} \left[g(x) - h(x)\right] \mathrm{d}x \right\rvert$$

$$+ \left\lvert \int_{x_S}^{b} \left[g(x) - h(x)\right] \mathrm{d}x \right\rvert$$

</td>
<td>

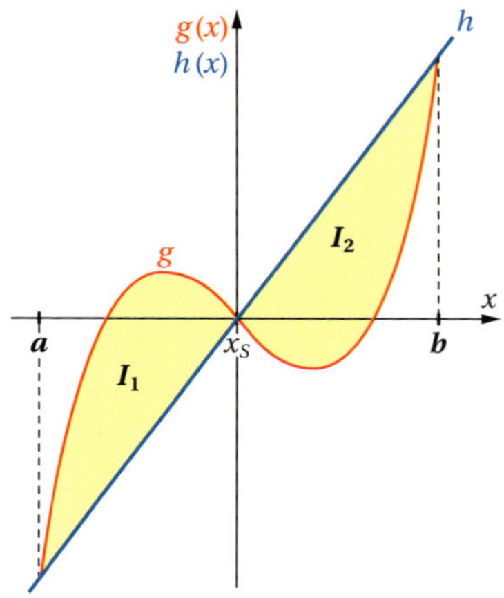

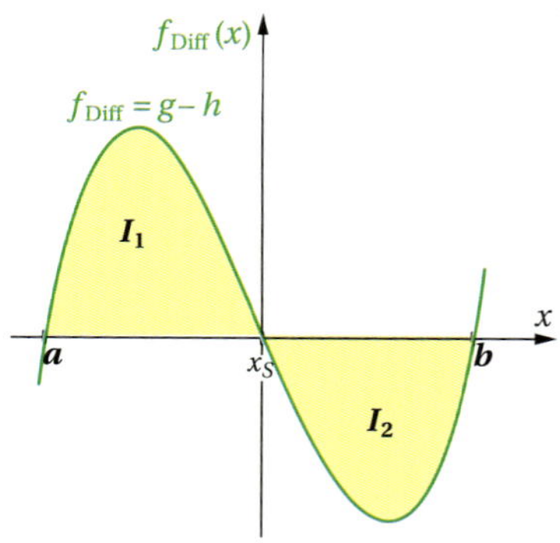

</td>
</tr>
</table>

6.5 Uneigentliche Integrale

Integration über ein unbeschränktes Intervall	$\int_a^{\infty} f(x)\,\mathrm{d}x = \lim\limits_{b \to \infty} \int_a^b f(x)\,\mathrm{d}x$ (rechtsseitig unbeschränktes Intervall)	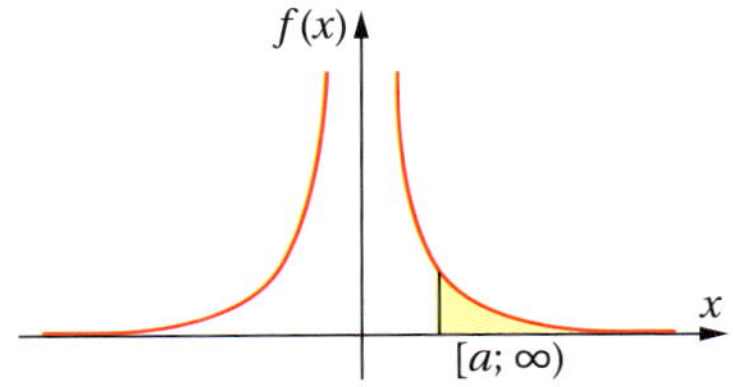
	$\int_{-\infty}^{b} f(x)\,\mathrm{d}x = \lim\limits_{a \to -\infty} \int_a^b f(x)\,\mathrm{d}x$ (linksseitig unbeschränktes Intervall)	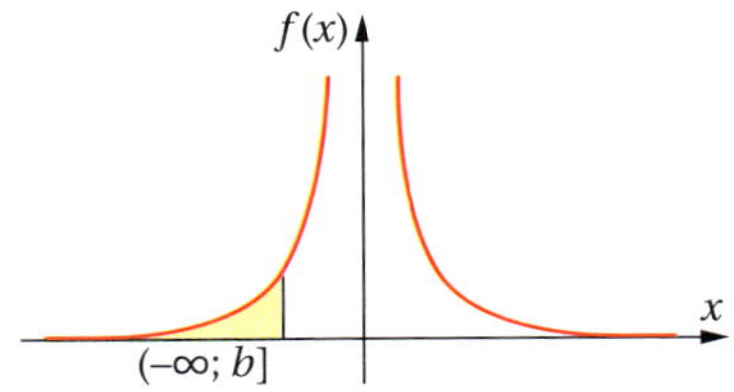
Integration einer unbeschränkten Funktion	$\int_{x_{\text{n. d.}}}^{a} f(x)\,\mathrm{d}x = \lim\limits_{c \to x_{\text{n. d.}}} \int_c^a f(x)\,\mathrm{d}x$ $x_{\text{n. d.}}$ = Polstelle	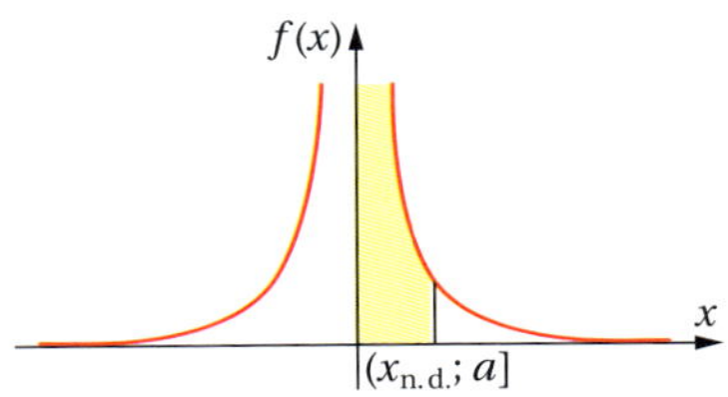
	$\int_{b}^{x_{\text{n. d.}}} f(x)\,\mathrm{d}x = \lim\limits_{c \to x_{\text{n. d.}}} \int_b^c f(x)\,\mathrm{d}x$ $x_{\text{n. d.}}$ = Polstelle	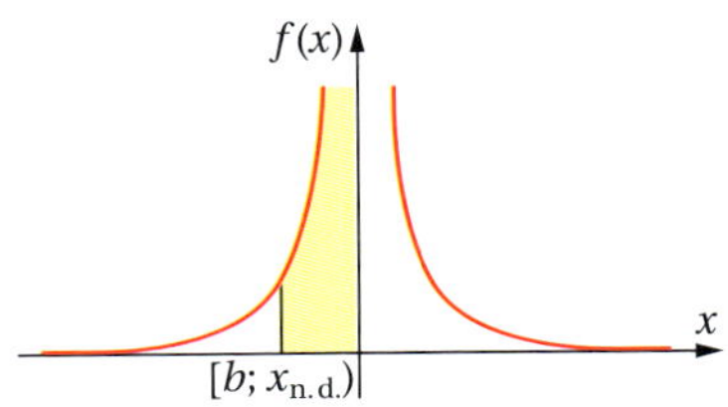

6.6 Rekonstruktion von Beständen

Rekonstruktion von Beständen	$I = \int_a^b f'(x)\,\mathrm{d}x = [f(x)]_a^b = f(b) - f(a)$ I: Gesamtbestand, kumulierter Bestand $f'(x)$: Ableitungsfunktion (momentane Änderungsrate des Bestandes) $f(x)$: Stammfunktion (kumulierter Bestand, Gesamtbestand)	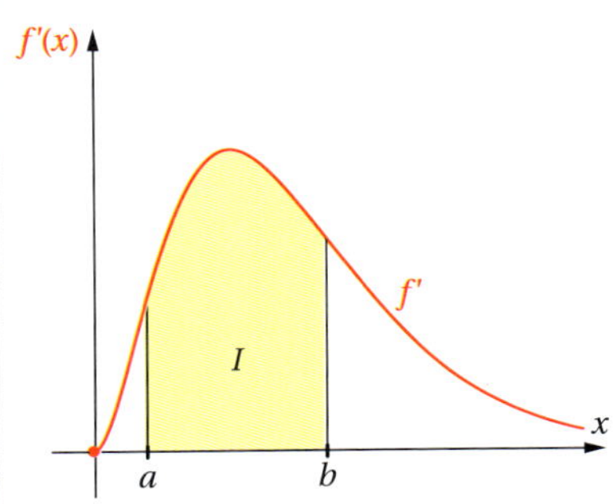

6.7 Volumen eines Rotationskörpers

Volumen eines Rotationskörpers (Rotationsvolumen)	**Rotation um die x-Achse:** $V = \pi \int_a^b [f(x)]^2 \, dx$ V: Rotationsvolumen $f(x)$: **Randfunktion** a, b: Integrationsgrenzen dx: Differenzial	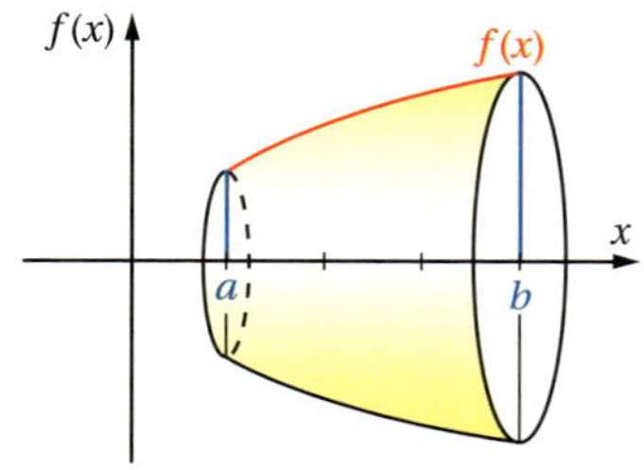

7 Wachstumsprozesse und Differenzialgleichungen

7.1 Lineares Wachstum

Lineare Zunahme	**Explizite Darstellung für lineare Zunahme:** $f(t) = mt + b$ mit $m, b > 0$ $f(t)$: Bestand f zum Zeitpunkt t t: Zeitpunkt b: Anfangsbestand zum Zeitpunkt $t = 0$ m: Wachstumssummand	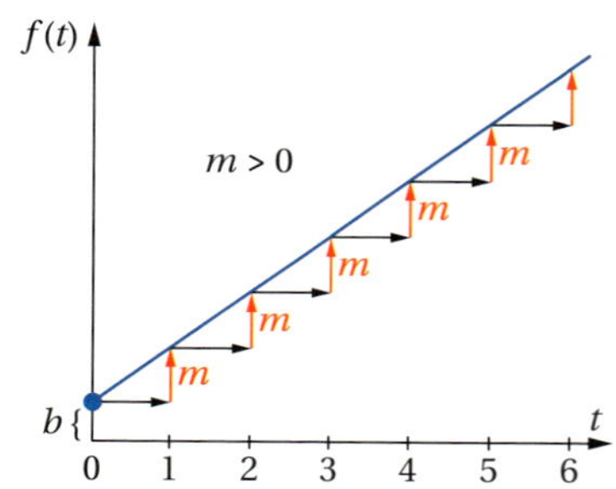
Lineare Abnahme	**Explizite Darstellung für lineare Abnahme:** $f(t) = mt + b$ mit $m < 0, b > 0$ $f(t)$: Bestand f zum Zeitpunkt t t: Zeitpunkt b: Anfangsbestand zum Zeitpunkt $t = 0$ m: Wachstumssummand	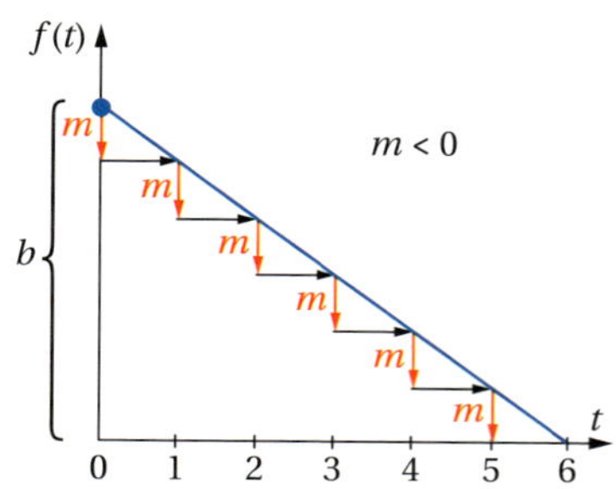
Rekursive Darstellung	$f(t+1) = f(t) + m$ $\Leftrightarrow m = f(t+1) - f(t)$	$f(t)$: Bestand f zum Zeitpunkt t $f(t+1)$: Bestand f zu einem um eine Zeiteinheit erhöhten Zeitpunkt $(t+1)$ m: Wachstumssummand

Differenzialgleichung für lineares Wachstum	$f'(t) = m$	$f'(t)$: momentane Änderungsrate f'(= Wachstumsgeschwindigkeit) des Bestandes zum Zeitpunkt t m: Wachstumssummand

7.2 Exponentielles Wachstum

Exponentielle Zunahme	**Explizite Darstellung** • **als Exponentialfunktion:** $f(t) = a \cdot b^t$ mit $b > 1$ • **als e-Funktion:** $f(t) = a \cdot e^{(\ln b) \cdot x} = a \cdot e^{kt}$ mit $k = \ln b > 0$ $f(t)$: Bestand f zum Zeitpunkt t a: Anfangsbestand zum Zeitpunkt $t = 0$ b: Wachstumsfaktor (Bei gegebenem Prozentsatz p mit $0 < p < 1$ ist $b = 1 + p$.) t: Zeit(punkt) $k = \ln b > 0$ **Wachstumskonstante**	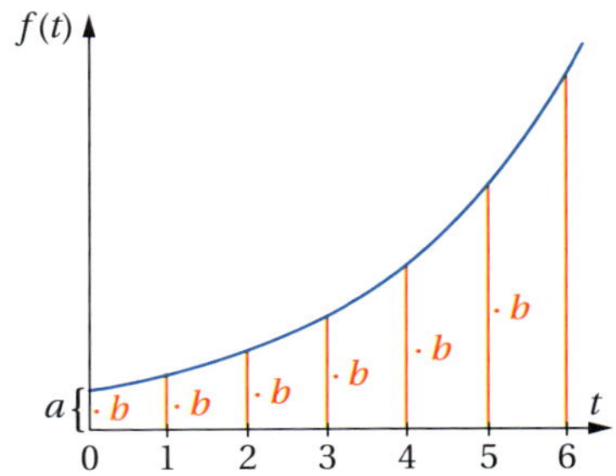
Exponentielle Abnahme	**Explizite Darstellung** • **als Exponentialfunktion:** $f(t) = a \cdot b^t$ mit $0 < b < 1$ • **als e-Funktion:** $f(t) = a \cdot e^{(\ln b) \cdot x} = a \cdot e^{kt}$ mit $k = \ln b < 0$ $f(t)$: Bestand f zum Zeitpunkt t a: Anfangsbestand zum Zeitpunkt $t = 0$ b: Zerfallsfaktor (Bei gegebenem Prozentsatz p mit $0 < p < 1$ ist $b = 1 - p$.) t: Zeit(punkt) $k = \ln b < 0$ **Zerfallskonstante**	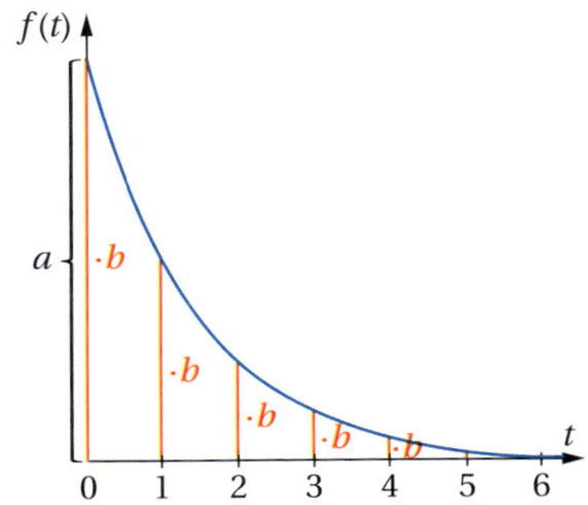

Rekursive Darstellung	$f(t+1) = f(t) \cdot b$ $\Leftrightarrow b = \dfrac{f(t+1)}{f(t)}$	$f(t)$: Bestand f zum Zeitpunkt t $f(t+1)$: Bestand f zu einem um eine Zeiteinheit erhöhten Zeitpunkt $(t+1)$ b: Wachstums- oder Zerfallsfaktor für $b > 1$: exponentielle Zunahme für $0 < b < 1$: exponentielle Abnahme
Differenzialgleichung für exponentielles Wachstum	$f'(t) = f(t) \cdot k$	$f'(t)$: momentane Änderungsrate f' (= Wachstumsgeschwindigkeit) des Bestandes zum Zeitpunkt t $f(t)$: Bestand f zum Zeitpunkt t k: Wachstums- oder Zerfallsfaktor

7.3 Begrenztes Wachstum

Begriffe, Zusammenhänge (s. Abbildungen unten und auf der Folgeseite)	$f(t) = g - m(t)$ $m(t) = a \cdot b^t$ $f(t) = g - a \cdot b^t$ als e-Funktion: $f(t) = g - a \cdot e^{(\ln b) \cdot t}$ $= g - a \cdot e^{k \cdot t}$	$f(t)$: Bestand f zum Zeitpunkt t g: Sättigungsgrenze $m(t)$: Sättigungsmanko m zum Zeitpunkt t a: Sättigungsmanko m zum Zeitpunkt $t = 0$; $a = g - f(0)$ b: Zerfallsfaktor des Sättigungsmankos; $0 < b < 1$ Bei gegebenem Prozentsatz p der Verringerung des Sättigungsmankos $(0 < p < 1)$ ist $b = 1 - p$. t: Zeit(punkt) k: Zerfallsfaktor; $k = \ln b < 0$
Begrenzte Zunahme	**Explizite Darstellung** • **als Exponentialfunktion:** $f(t) = g - a \cdot b^t$ mit $b = 1 - p$, also $0 < b < 1$ • **als e-Funktion:** $f(t) = g - a \cdot e^{(\ln b) \cdot t}$ $= g - a \cdot e^{k \cdot t}$ mit: $k < 0$ $a > 0$ $g > f(0)$	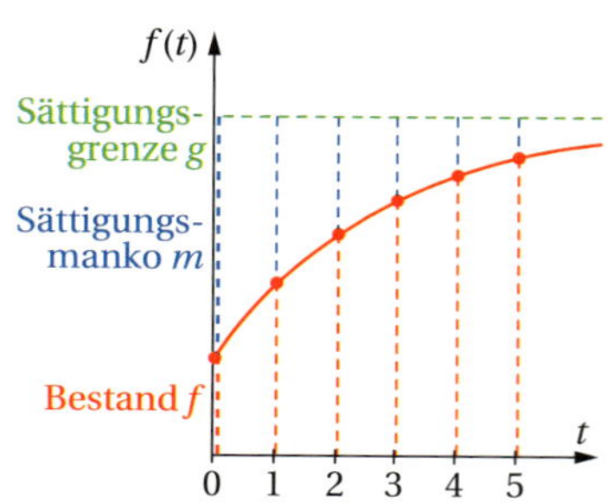

Begrenzte Abnahme	**Explizite Darstellung** • **als Exponentialfunktion:** $f(t) = g - a \cdot b^t$ mit $b = 1 - p$, also $0 < b < 1$ • **als e-Funktion:** $f(t) = g - a \cdot e^{(\ln b) \cdot t}$ $= g - a \cdot e^{k \cdot t}$ mit: $k < 0$ $a < 0$ $g < f(0)$	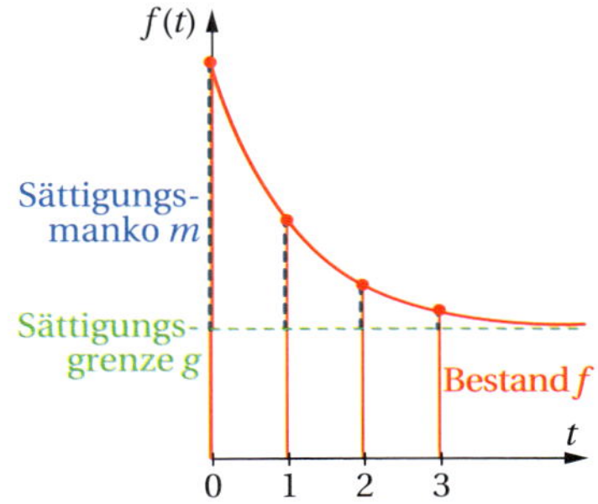
Rekursive Darstellung	$f(t+1) = g - \big(g - f(t)\big) \cdot b$ mit dem Prozentsatz p: $0 < p < 1$ $f(t+1) = f(t) + \big(g - f(t)\big) \cdot p$	$f(t)$: Bestand f zum Zeitpunkt t $f(t+1)$: Bestand f zum Zeitpunkt $t+1$, also eine Zeiteinheit später als t g: Sättigungsgrenze b: Zerfallsfaktor
Differenzialgleichung für begrenztes Wachstum	$f'(t) = \big(g - f(t)\big) \cdot (-k)$ mit $k < 0$	p: Prozentsatz für Abnahme des Sättigungsmankos $f'(t)$: Momentane Änderungsrate f' (= Wechselgeschwindigkeit) des Bestand f zum Zeitpunkt t $f(t)$: Bestand f zum Zeitpunkt t g: Sättigungsgrenze k: Zerfallsfaktor $g - f(t)$: Sättigungsmanko zum Zeitpunkt t

7.4 Logistisches Wachstum

Graph	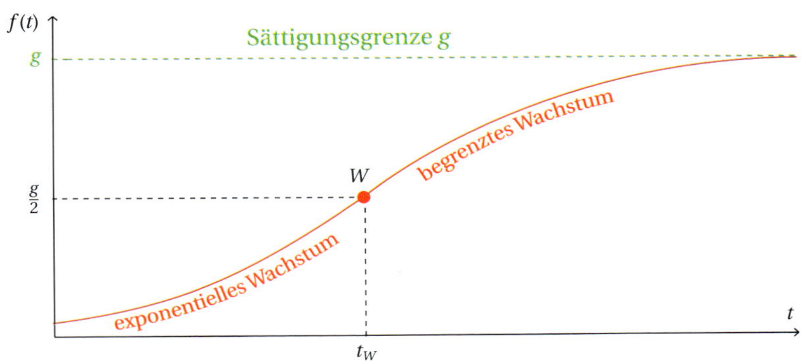 $f(t)$: Bestand f zum Zeitpunkt t g: Sättigungsgrenze t_W: Wendestelle W: Wendepunkt; Übergang vom exponentiellen zum begrenzten Wachstum

Explizite Darstellung	$f(t) = \frac{g}{1 + a \cdot e^{-bt}}$ $= \frac{g}{1 + \left(\frac{g}{f(0)} - 1\right) \cdot e^{-kgt}}$ $f(0) = \frac{g}{a+1}$ $g = f(0) \cdot (a+1)$ $m(t) = g - f(t)$	$a = \frac{g}{f(0)} = -1;\ a > 0$ $b = k \cdot g;\ b > 0$ k: Wachstumskonstante $k > 0$ $m(t)$: Sättigungsmanko m zum Zeitpunkt t
Differenzialgleichung für logistisches Wachstum	$f'(t) = f(t) \cdot \left(g - f(t)\right) \cdot k$ mit $k > 0$	$f'(t)$: momentane Änderungsrate (= Wachstumsgeschwindigkeit) des Bestandes zum Zeitpunkt t $f(t)$: Bestand zum Zeitpunkt t g: Sättigungsgrenze k: Wachstumskonstante $g - f(t)$: Sättigungsmanko zum Zeitpunkt t

7.5 Vergiftetes Wachstum

Graph		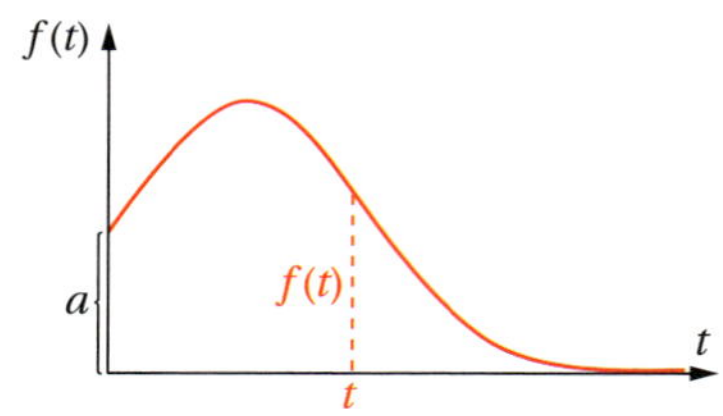 $f(t)$: Bestand t zum Zeitpunkt t
Explizite Darstellung	$f(t) = a \cdot e^{gt - \frac{1}{2}st^2}$ mit $a, g, s > 0$	a: Anfangsbestand $f(0)$ g: Geburtenrate s: Sterberate t: Zeit(punkt)
Differenzialgleichung für vergiftetes Wachstum	$f'(t) = f(t) \cdot (g - st)$	$f'(t)$: momentane Änderungsrate f' (= Wachstumsgeschwindigkeit) des Bestandes zum Zeitpunkt t $f(t)$: Bestand f zum Zeitpunkt t g: Geburtenrate s: Sterberate $g - st$: Wachstumsfaktor

8 Wirtschaft

8.1 Kosten, Erlös, Gewinn

Gesamtkostenfunktion	$K(x) = K_v(x) + K_f$ $D_{ök} = [0; x_{Kap}]$
Funktion der variablen Gesamtkosten	$K_v(x) = K(x) - K_f$ $= K(x) - K(0)$ $D_{ök} = [0; x_{Kap}]$
Funktion der fixen Gesamtkosten (Fixkostenfunktion)	$K_f = K(x) - K_v(x) = K(0)$ $D_{ök} = [0; x_{Kap}]$

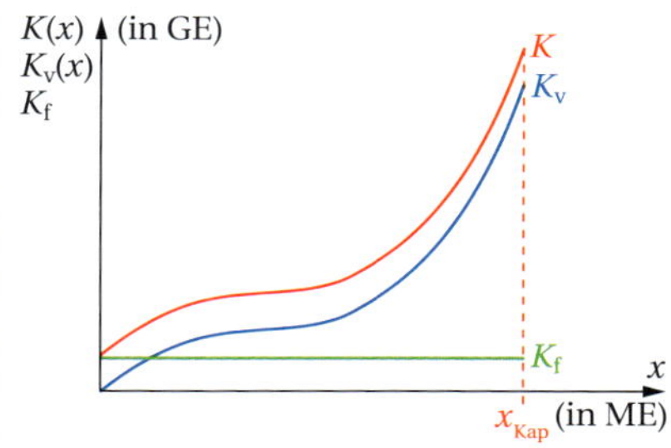

$K(x)$: Gesamtkosten K bei der Produktionsmenge x

$K_v(x)$: Variable Gesamtkosten K_v bei der Produktionsmenge x

K_f: Fixkosten (fixe Gesamtkosten)

$D_{ök}$: ökonomisch sinnvoller Definitionsbereich

x_{Kap}: Kapazitätsgrenze des Betriebes

Funktion der gesamten (totalen) Stückkosten (Durchschnittskosten)	$k(x) = \frac{K(x)}{x}$ $= \frac{K_v(x) + K_f}{x}$ $= \frac{K_v(x)}{x} + \frac{K_f}{x}$ $= k_v(x) + k_f(x)$ $D_{ök}(k) = (0; x_{Kap}]$
Funktion der variablen Stückkosten	$k_v(x) = \frac{K_v(x)}{x}$ $D_{ök}(k_v) = (0; x_{Kap}]$
Funktion der fixen Stückkosten	$k_f(x) = \frac{K_f}{x}$ $D_{ök}(k_v) = (0; x_{Kap}]$
Grenzkostenfunktion	$K'(x)$ $D_{ök}(K') = [0; x_{Kap}]$

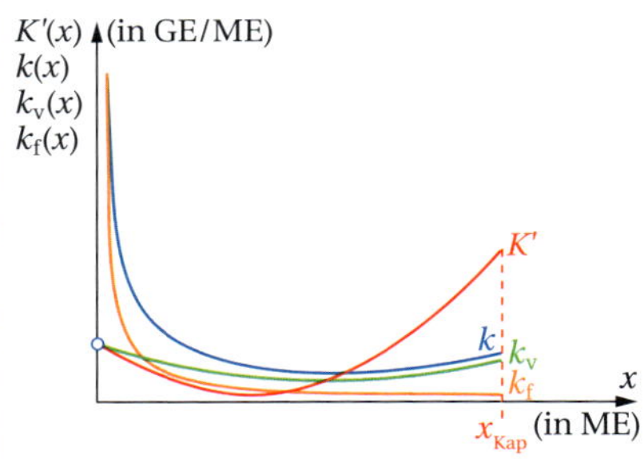

Betriebsoptimum x_{BO}	$k'(x) = 0 \wedge k''(x_{BO}) > 0$ oder: $K'(x) = k(x)$	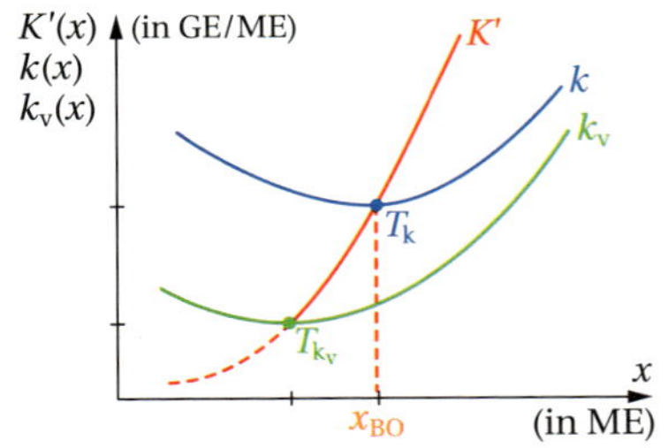 T_k: Tiefpunkt des Graphen von k T_{k_v}: Tiefpunkt des Graphen von k_v
Langfristige Preisuntergrenze p_{LPU}	$p_{LPU} = k(x_{BO})$ oder: $p_{LPU} = K'(x_{BO})$	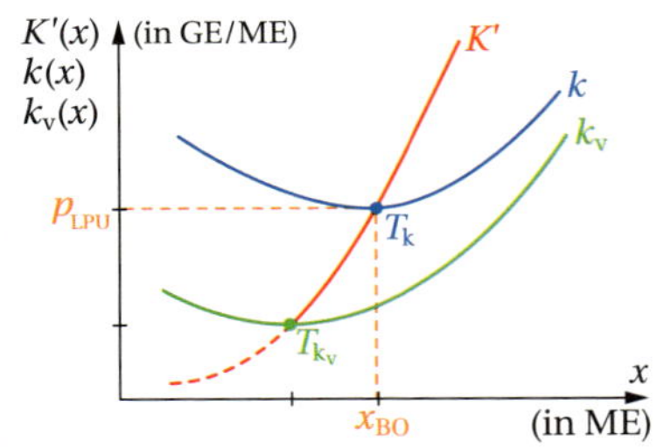 T_k: Tiefpunkt des Graphen von k T_{k_v}: Tiefpunkt des Graphen von k_v
Betriebsminimum x_{BM}	$k_v'(x) = 0 \wedge k_v''(x_{BM}) > 0$ oder: $K'(x) = k_v(x)$	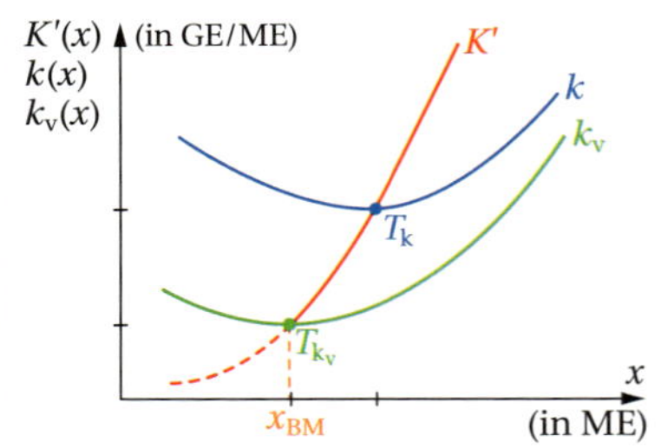 T_k: Tiefpunkt des Graphen von k T_{k_v}: Tiefpunkt des Graphen von k_v
Kurzfristige Preisuntergrenze p_{KPU}	$p_{KPU} = k_v(x_{BM})$ oder: $p_{KPU} = K'(x_{BM})$	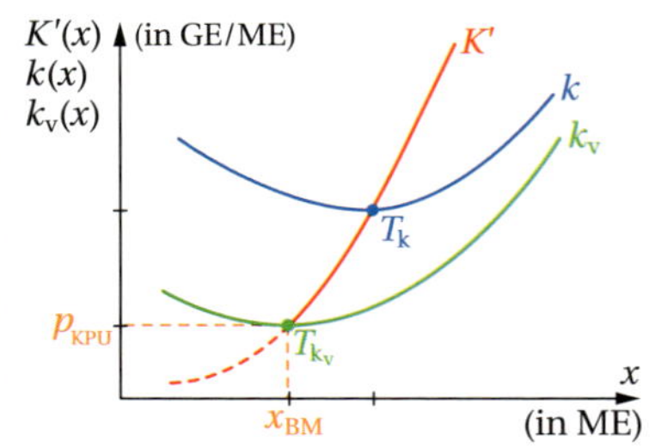 T_k: Tiefpunkt des Graphen von k T_{k_v}: Tiefpunkt des Graphen von k_v

Preis-Absatzfunktion und Erlösfunktion im Polypol

Preis-Absatzfunktion im Polypol:
$p(x) = p$ mit $p > 0$
$D_{ök}(p) = [0; x_{Kap}]$

Erlösfunktion im Polypol:
$E(x) = p \cdot x$ mit $p > 0$
$D_{ök}(E) = [0; x_{Kap}]$

Grenzerlösfunktion im Polypol:
$E'(x) = p$
$D_{ök}(E') = [0; x_{Kap}]$

Erlösmaximale Produktionsmenge im Polypol:
$x_{E_{max}} = x_{Kap}$

Erlösmaximum im Polypol:
$E_{max} = E(x_{Kap})$

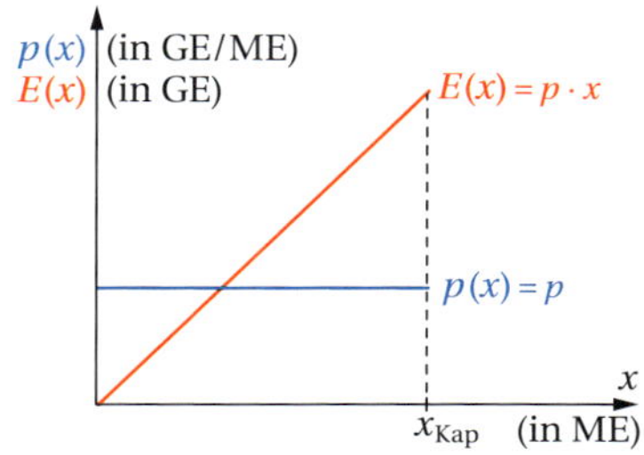

p:	Preis je Mengeneinheit
x:	Produktionsmenge
$p(x)$:	Preis-Absatzfunktion
$E(x)$:	Erlösfunktion
$D_{ök}$:	ökonomisch sinnvoller Definitionsbereich
x_{Kap}:	Kapazitätsgrenze
$E'(x)$:	Grenzerlösfunktion
$x_{E_{max}}$:	erlösmaximale Produktionsmenge
E_{max}:	Maximaler Erlös
$E(x_{Kap})$:	Erlös an der Kapazitätsgrenze

Preis-Absatzfunktion und Erlösfunktion im Monopol

Preis-Absatzfunktion im Monopol:
$p(x) = mx + b$
mit $m < 0, b > 0$
$D_{ök}(p) = [0; x_{Kap}]$

Erlösfunktion im Monopol:
$E(x) = p(x) \cdot x$
$E(x) = mx^2 + bx$
mit $m < 0, b > 0$
$D_{ök}(E') = [0; x_{Kap}]$

Grenzerlösfunktion im Monopol:
$E'(x) = 2\,mx + b$
mit $m < 0, b > 0$
$D_{ök}(E') = [0; x_{Kap}]$

Erlösmaximale Produktionsmenge im Monopol:
$E'(x) = 0 \wedge E''(x) < 0$
$\Rightarrow x_{E_{max}}$

Erlösmaximum im Monopol:
$E_{max} = E(x_{E_{max}})$

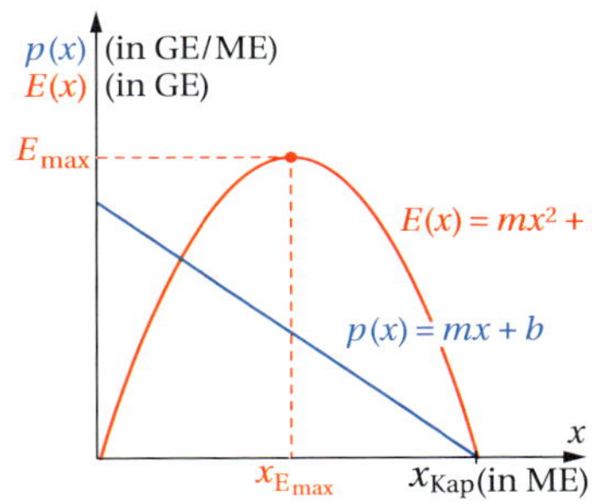

p:	Preis je Mengeneinheit
x:	Produktionsmenge
$p(x)$:	Preis-Absatzfunktion
m:	Steigung der Preis-Absatzfunktion, $m < 0$
b:	Höchstpreis auf dem Markt, $b > 0$
$E(x)$:	Erlösfunktion
$D_{ök}$:	ökonomisch sinnvoller Definitionsbereich
x_{Kap}:	Kapazitätsgrenze
$E'(x)$:	Grenzerlösfunktion
$E''(x)$:	2. Ableitung der Erlösfunktion
$x_{E_{max}}$:	erlösmaximale Produktionsmenge
E_{max}:	Maximaler Erlös

<table>
<tr><td>Gewinnfunktion</td><td>$G(x) = E(x) - K(x)$
$D_{ök}(G) = [0; x_{Kap}]$</td><td>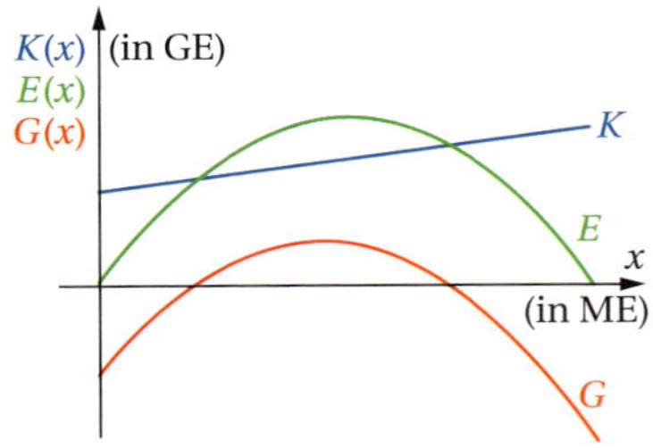

$G(x)$: Gewinnfunktion
$E(x)$: Erlösfunktion
$K(x)$: (Gesamt-)Kostenfunktion
$D_{ök}$: okonomisch sinnvoller Definitionsbereich
x_{Kap}: Kapazitätsgrenze</td></tr>
<tr><td>Gewinnschwelle (Break-even-Point, Nutzen-schwelle)</td><td>$G(x) = 0$
x_{GS} (1. Nullstelle)
oder:
$E(x) = K(x)$
x_{GS} (1. Schnittstelle)</td><td rowspan="2">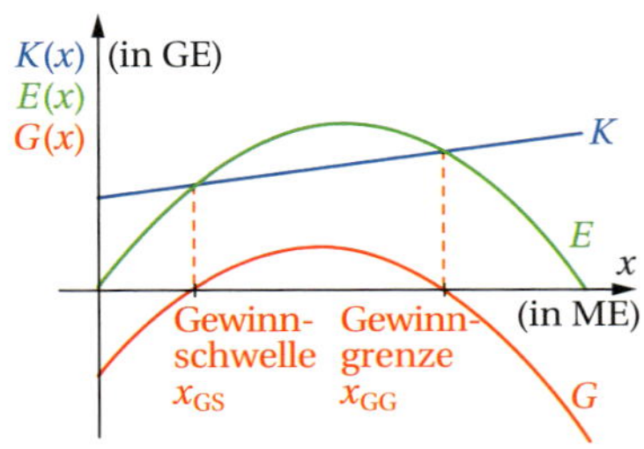

x_{GS}: Gewinnschwelle
x_{GG}: Gewinngrenze</td></tr>
<tr><td>Gewinngrenze (Nutzengrenze)</td><td>$G(x) = 0$
x_{GG} (2. Nullstelle)
oder:
$E(x) = K(x)$
x_{GG} (2. Schnittstelle)</td></tr>
<tr><td>Gewinn- und Verlustzone</td><td>Gewinnzone ($G > 0$):
$(x_{GS}; x_{GG})$
Verlustzone ($G < 0$):
$(0; x_{GS})$ und $(x_{GG}; x_{Kap}]$</td><td>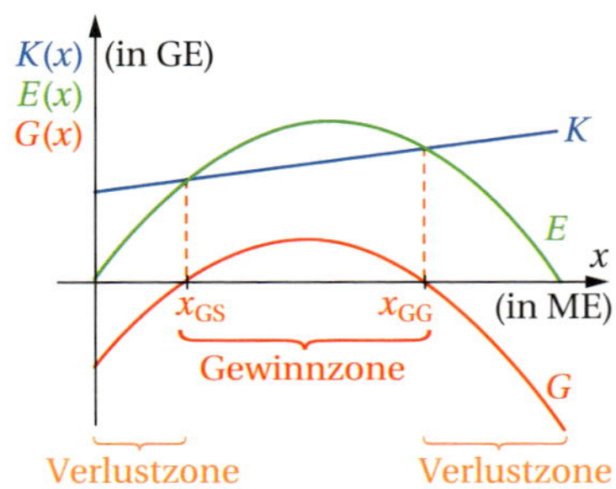
</td></tr>
<tr><td>Grenzgewinn</td><td>$G'(x)$</td><td>1. Ableitungsfunktion der Gewinnfunktion</td></tr>
<tr><td>Gewinnmaxi-male Produk-tionsmenge</td><td>$G'(x) = 0 \wedge G''(x_E) < 0$
$\Rightarrow x_{G_{max}}$</td><td>$x_{G_{max}}$: gewinnmaximale Produktionsmenge
x_E: mögliche Extremstelle des Graphen der Gewinnfunktion</td></tr>
</table>

Gewinn-maximum	$G_{max} = G(x_{G_{max}})$	G_{max}: maximaler Gewinn $x_{G_{max}}$: gewinnmaximale Produktionsmenge
Cournotscher Punkt	$C(x_C / p_c)$ $x_C = x_{G_{max}}$: gewinnmaximale Produktionsmenge $p_C = p(x_{G_{max}})$: gewinnmaximaler Preis	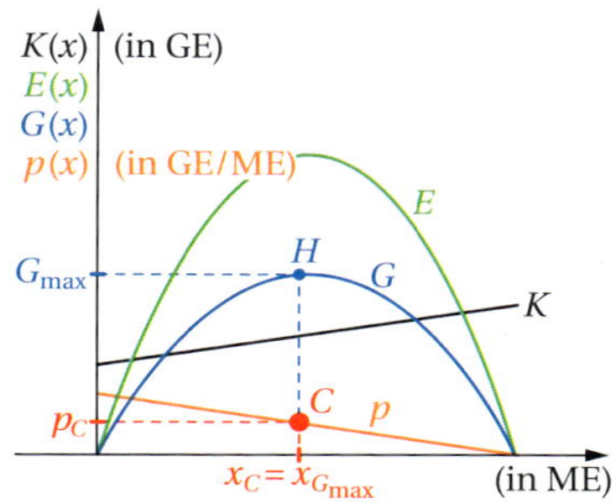

8.2 Minimalkostenkombination

Isokosten-funktion	$K = x \cdot p_x + y \cdot p_y \Rightarrow$ $\boldsymbol{I_K}$ **mit** $\boldsymbol{y(x) = -\frac{p_x}{p_y} \cdot x + \frac{K}{p_y}}$ I_K: Istkostenfunktion = Funktion gleich hoher Kosten K x: 1. Produktionsfaktor y: 2. Produktionsfaktor p_x: Preis für eine Mengeneinheit des Produktionsfaktors x p_y: Preis für eine Mengeneinheit des Produktionsfaktors y K: Kostenbudget, das für die Produktion zur Verfügung steht	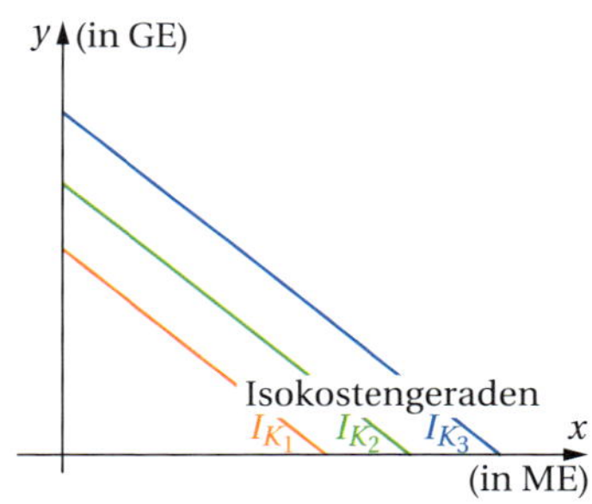Graph der Isokostenfunktion: **Isokostengerade** $y(x) = mx + b$ mit $m = -\frac{p_x}{p_y} < 0$ und $b = \frac{K}{p_y} > 0$

Isoquanten-funktion	$\boldsymbol{I_P}$ **mit** $\boldsymbol{y(x) = \frac{a}{x-b} + c}$; $a > 0$ $b, c \geq 0$ I_p: Isoquantenfunktion = Funktion gleich hoher Produktionsmengen P a: Dehnungs-, Stauchungs-, Spiegelungsfaktor (Formfaktor) b: Verschiebung in x-Richtung $\Rightarrow$ Polstelle: $x = b$ c: Verschiebung in y-Richtung $\Rightarrow$ Asymptote: $y^*(x) = c$	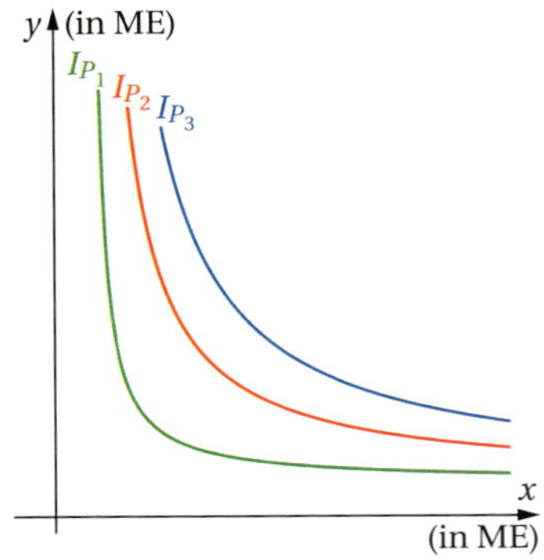 Graph der Isoquantenfunktion: **Isoquante** (mathematisch: Hyperbel)
Minimal-kosten-kombination	**Berührpunkt** $\boldsymbol{B(x_B/y_B)}$ **(Tangentialpunkt)**: Minimalkosten-Kombination $I_K{}' = I_p{}' \Leftrightarrow m = I_p{}'$ $-\frac{p_x}{p_y} = \frac{-a}{(x-b)^2} \Rightarrow x_B$ $y_B = y(x_B)$ mithilfe der Isoquanten-funktion oder: $y_B = y(x_B)$ mithilfe der Isokosten-funktion	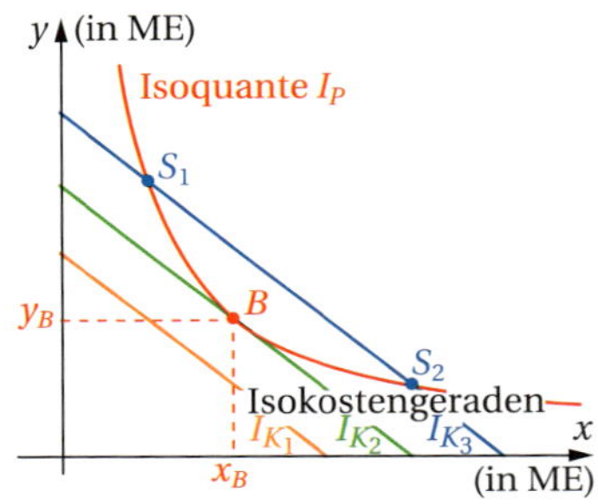 $I_K{}'$: 1. Ableitungsfunktion der Isokostenfunktion $I_P{}'$: 1. Ableitungsfunktion der Isoquantenfunktion m: Steigung der Isokostengerade p_x: Preis für eine Mengeneinheit des Produktionsfaktors x p_y: Preis für eine Mengeneinheit des Produktionsfaktors y x_B: x-Wert des Berührspunktes der Isoquante mit der Isokostengerade (Tangentialpunkt) y_B: y-Wert des Berührpunktes (Tangentialpunktes)

8.3 Angebot und Nachfrage, Marktgleichgewicht

Nachfrage-funktion (Preis-Absatz-funktion) im Monopol	**Lineare Nachfragefunktion:** $p_N(x) = mx + b$; $D_{ök}(p_N) = [0; x_S]$, mit $m < 0$, $b > 0$; $W_{ök}(p_N) = [0; p_H]$ **Höchstpreis:** $p_H = p_N(0) = b$ **Sättigungsmenge:** $p_N(x) = 0 \Rightarrow x_S$ Also: $p_N(x) = mx + b = -\frac{p_H}{x_S} \cdot x + p_H$	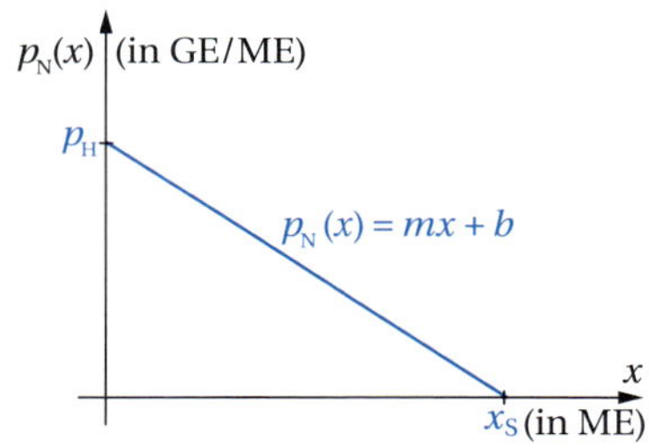 p_N: Marktpreis x: zugehörige gesamtwirtschaftliche Nachfragemenge $p_H = b$: Höchstpreis x_S: Sättigungsmenge
Angebots-funktion	**Lineare Angebotsfunktion:** $p_A(x) = mx + b$; $D_{ök}(p_N) = [0; \infty]$, mit $m, b > 0$; $W_{ök}(p_A) = [0; \infty]$ **Mindestangebotspreis:** $p_M = p_A(0) = b$	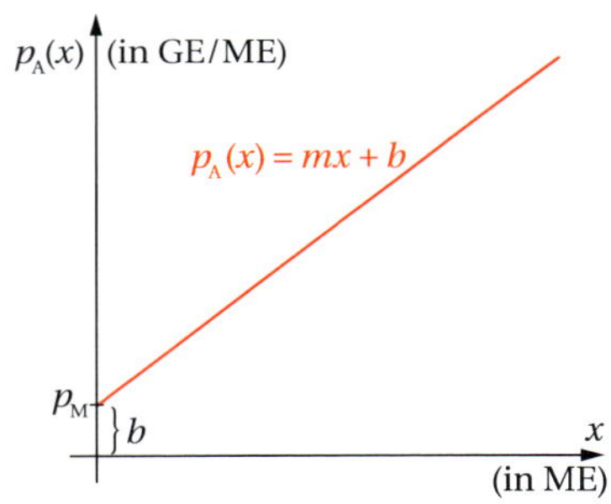 p_A: Marktpreis x: zugehörige gesamtwirtschaftliche Angebotsmenge $p_M - b$: Mindestangebotspreis
Marktgleich-gewicht	$G(x_G/p_G)$ $p_A(x) = p_N(x)$ $\Rightarrow$ **Gleichgewichtsmenge x_G** **Gleichgewichtspreis:** $p_G = p_N(x_G)$ oder: $p_G = p_A(x_G)$	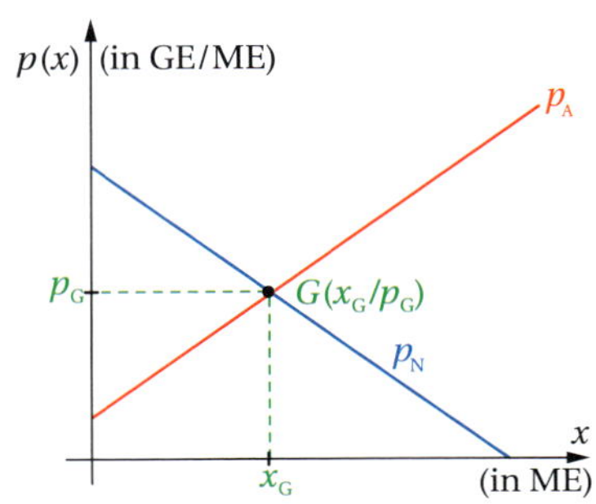 G: Marktgleichgewicht x_G: Gleichgewichtsmenge p_G: Gleichgewichtspreis $p_A(x)$: Angebotsfunktion $p_N(x)$: Nachfragefunktion

Umsatz im Marktgleich-gewicht	$U_G = x_G \cdot p_G$	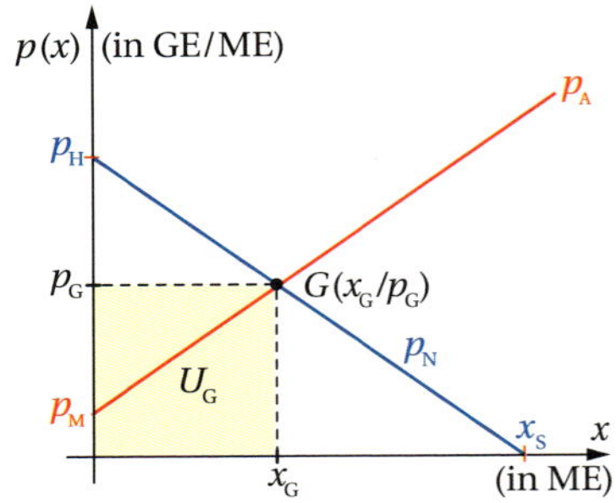 G: Marktgleichgewicht U_G: Umsatz im Marktgleich-gewicht x_G: Gleichgewichtsmenge p_G: Gleichgewichtspreis
Marktungleich-gewicht	Marktpreis p • $p < p_G$ oder: $x_A < x_N$ ⇒ **Nachfrageüberschuss** (auch: **Nachfrageüberhang**) $= x_N - x_A$	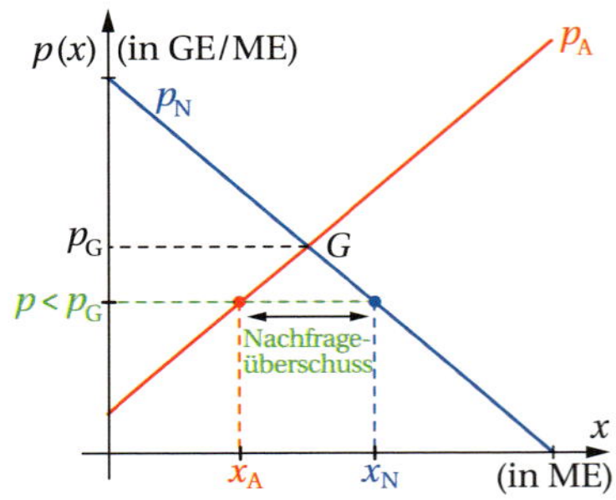 p: Marktpreis p_G: Gleichgewichtspreis x_N: Nachfragemenge x_A: Angebotsmengemenge
	Marktpreis p • $p > p_G$ oder: $x_N < x_A$ ⇒ **Angebotsüberschuss:** (auch: **Angebotsüberhang**) $= x_A - x_N$	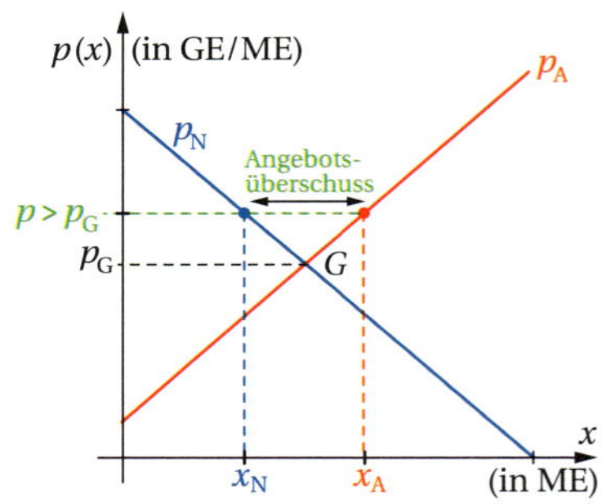 p: Marktpreis p_G: Gleichgewichtspreis x_N: Nachfragemenge x_A: Angebotsmengemenge

Produzenten-rente	$\mathrm{PR} = \int_0^{x_G} (p_G - p_A(x))\,dx$ oder $\mathrm{PR} = p_G \cdot x_G - \int_0^{x_G} p_A(x)\,dx$	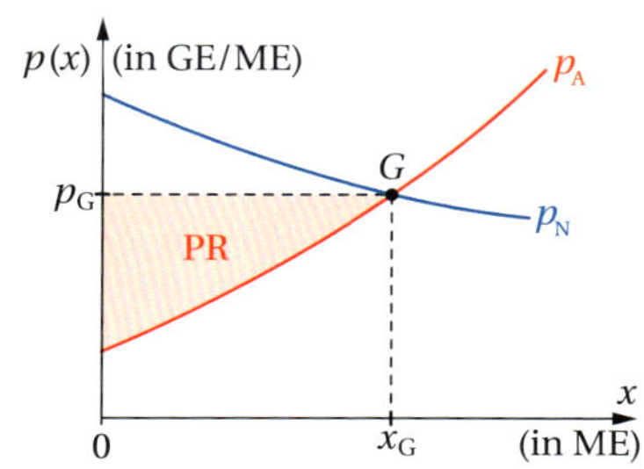
Konsumenten-rente	$\mathrm{KR} = \int_0^{x_G} (p_N(x) - p_G)\,dx$ oder $\mathrm{KR} = \int_0^{x_G} p_N(x)\,dx - p_G \cdot x_G$	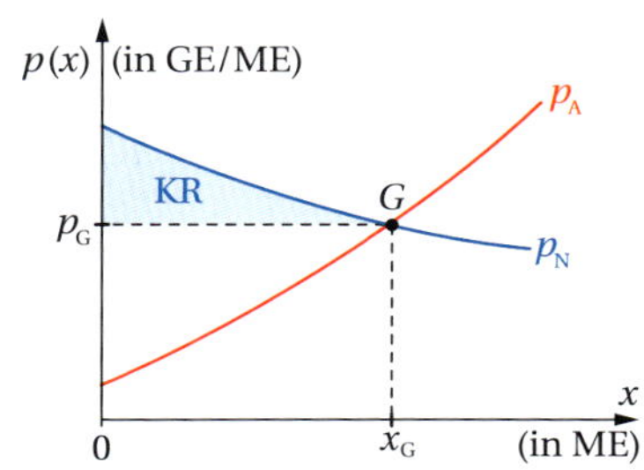

8.4 Elastizität

Begriff	**Elastizität *e*** $= \dfrac{\textbf{Wirkung in \%}}{\textbf{Ursache in \%}}$ $= \dfrac{\text{Prozentuale Veränderung der abhängigen Variablen}}{\text{Prozentuale Veränderung der unabhängigen Variablen}}$	
Elastizität eines Funk-tionswertes *f* bezüglich eines *x*-Wertes	für diskrete (endliche) Verände-rungen der Variablen: $e_{f;\,x} = \dfrac{\frac{\Delta f}{f}}{\frac{\Delta x}{x}}$	$e_{f;\,x}$: Elastizität der Funktionswerte f bezüglich der x-Werte f: Funktionswert Δf: Delta f, Differenz zweier Funk-tionswerte x: x-Wert Δx: Delta x, Differenz zweier x-Werte
	für beliebig kleine Veränderungen der Variablen: $e_{f(x);\,x}(x) = \dfrac{f'(x) \cdot x}{f(x)}$	$e_{f(x);\,x}$: Elastizität der Funktions-werte $f(x)$ bezüglich der x-Werte in Abhängigkeit von den x-Werten

Preiselastizität der Nachfrage (Elastizität der Nachfrage x bezüglich des Preises p)	für diskrete (endliche) Veränderungen der Variablen: $e_{x;\,p} = \dfrac{\frac{\Delta x}{x}}{\frac{\Delta p}{p}}$	$e_{x;\,p}$: Elastizität der Nachfrage x bezüglich des Marktpreises p x: Nachfragemenge Δx: Delta x, Differenz zweier Nachfragemengen p: Preis Δp: Delta p, Differenz zweier Preise
	für beliebig kleine Veränderungen der Variablen: $e_{x;\,p}(x) = \dfrac{p(x)}{p'(x) \cdot x}$	$e_{x;\,p}(x)$: Elastizität der Nachfrage x bezüglich des Marktpreises p in Abhängigkeit von der Nachfragemenge x $p(x)$: Nachfragefunktion $p'(x)$: 1. Ableitungsfunktion der Nachfragefunktion x: Nachfragemenge
Elastizitätsintervalle	• **fließende Reaktion**	$\lvert e \rvert = 1$
	• **elastische Reaktion**	$\lvert e \rvert > 1$
	• **unelastische Reaktion**	$\lvert e \rvert < 1$
	• **vollkommen elastische Reaktion**	$\lvert e \rvert \to \infty$
	• **vollkommen unelastische Reaktion**	$e = 0$
Kostenelastizität (Elastizität der Gesamtkosten K bezüglich der Produktionsmenge x)	für diskrete (endliche) Veränderungen der Variablen: $e_{K;\,x} = \dfrac{\frac{\Delta K}{K}}{\frac{\Delta x}{x}}$	$e_{K;\,x}$: Elastizität der Kosten K bezüglich der Produktionsmenge x K: Gesamtkostenbetrag ΔK: Delta K, Differenz zweier Gesamtkostenbeträge x: Produktionsmenge Δx: Delta x, Differenz zweier Produktionsmengen
	für beliebig kleine Veränderungen der Variablen: $e_{K;\,x}(x) = \dfrac{K'(x) \cdot x}{K(x)}$	$e_{K;\,x}(x)$: Elastizität der Kosten K bezüglich der Produktionsmenge x in Abhängigkeit von der Produktionsmenge x $K(x)$: Gesamtkostenfunktion $K'(x)$: 1. Ableitungsfunktion der Gesamtkostenfunktion (Grenzkostenfunktion) x: Produktionsmenge

8.5 Produktlebenszyklus

Produktlebens-zyklusfunktion – Absatzfunktion	***Kumulierter*** **(Gesamt-)Absatz *A*** in einem Zeitraum $[t_1; t_2]$: $A_{[t_1;\,t_2]} = \int_{t_1}^{t_2} a(t)\,\mathrm{d}t = A(t_2) - A(t_1)$	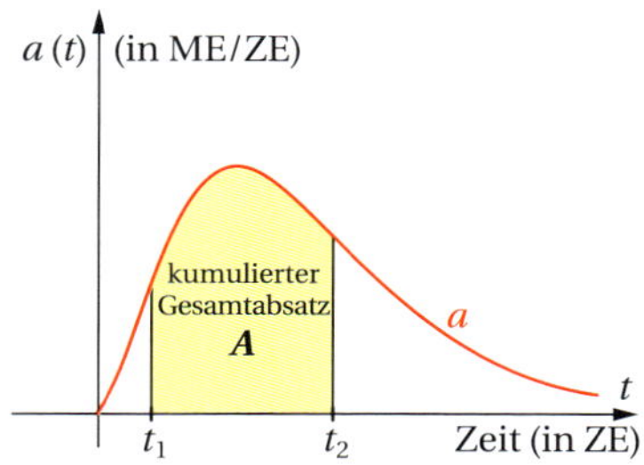 A: Kummulierter (Gesamt-) Absatz in einem Zeitraum $a = A'$: Momentane Änderungsrate des Absatzes (= Absatzgeschwindigkeit) zu einem Zeitpunkt
Produktlebens-zyklusfunktion – Umsatzfunktion	***Kumulierter*** **(Gesamt-)Umsatz *U*** in einem Zeitraum $[t_1; t_2]$: $U_{[t_1;\,t_2]} = \int_{t_1}^{t_2} u(t)\,\mathrm{d}t = U(t_2) - U(t_1)$	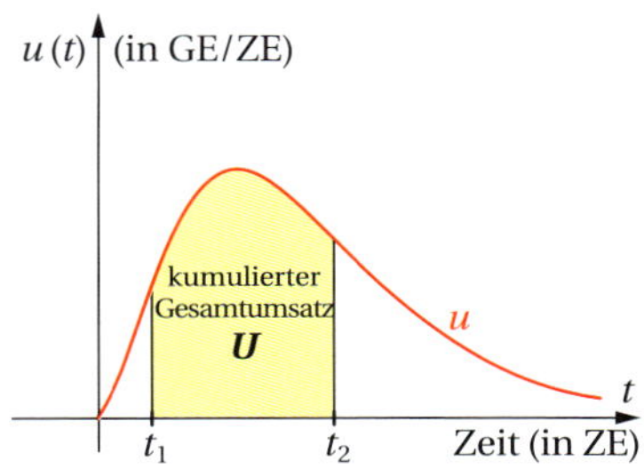 U: Kummulierter (Gesamt-) Umsatz in einem Zeitraum $u = U'$: Momentane Änderungsrate des (Gesamt-)Umsatzes (= Absatzgeschwindigkeit) zu einem Zeitpunkt

Zusammenhänge zwischen der Absatzgeschwindigkeit *a* und dem kumulierten Gesamtabsatz *A*

(entsprechend für Umsatzgeschwindigkeit *u* und kumulierten Gesamtumsatz *U*)

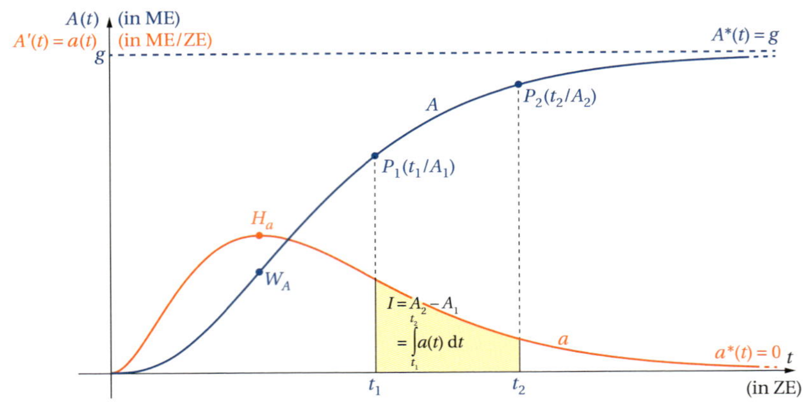

$A(t)$:	Funktion des kumulierten (Gesamt-)Absatzes
$a(t) = A'(t)$:	Funktion für die momentane Änderungsrate (= Absatzgeschwindigkeit) des kumulierten (Gesamt-)Absatzes A
H_a:	Hochpunkt des Graphen von a
W_A:	Wendepunkt des Graphen von A
I:	Maßzahl der Fläche unter dem Graphen von a von t_1 bis t_2 = kumulierter (Gesamt-)Absatz im Zeitraum von t_1 bis t_2
$A_2 - A_1$:	Differenz der Funktionswerte von A an den Stellen t_2 und t_1

$A^*(t)$ = Asymptote von A für $t \to \infty$

$a^*(t)$ = Asymptote von a für $t \to \infty$

Zusammenhang zwischen Absatz je Zeiteinheit, Umsatz je Zeiteinheit und Preis je Mengeneinheit

$$u(t) = a(t) \cdot p(t)$$

$$\Leftrightarrow a(t) = \frac{u(t)}{p(t)}$$

$$\Leftrightarrow p(t) = \frac{u(t)}{a(t)}$$

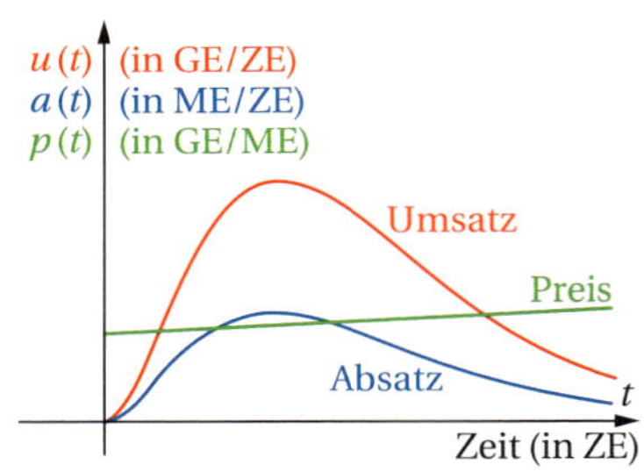

8.6 Zinsrechnung

Endkapital bei einfacher Zinsrechnung	$K(x) = K_0 \cdot (1 + px)$	$K(x)$: Endkapital nach x Jahren K_0: Anfangskapital p: (nomineller) Jahreszinssatz; $0 \leq p \leq 1$ x: Verzinsungszeitraum in Jahren m: Zinsperioden/Jahr e: eulersche Zahl
Endkapital bei jährlicher Verzinsung (Zinseszins)	$K(x) = K_0 \cdot (1 + p)^x$	
Endkapital bei unterjährlicher Verzinsung (Zinseszins)	$K_m(x) = K_0 \cdot \left(1 + \frac{p}{m}\right)^{m \cdot x}$	
Endkapital bei stetiger Verzinsung (Zinseszins)	$K(x) = K_0 \cdot e^{p \cdot x}$	

1 Mathematische Zeichen und Symbole der analytischen Geometrie

Zeichen, Symbol	Sprechweise/Bedeutung
$P(x/y)$	Punkt (in der Ebene) mit den Koordinaten x und y
$P(x/y/z)$	Punkt (im Raum) mit den Koordinaten x, y und z
$\overline{AB}$	Strecke zwischen den Punkten A und B
$ABCD_{\square}$	Viereck mit den Eckpunkten A, B, C, D
$\vec{v}$	Vektor $\vec{v}$ (Spaltenvektor)
$-\vec{v}$	Gegenvektor zum Vektor $\vec{v}$
$\vec{v}^{\,T}$	transponierter Vektor $\vec{v}^{\,T}$ (Zeilenvektor)
$\lvert\vec{v}\rvert$	Betrag eines Vektors
$\vec{e}$	Einsvektor
$\vec{o}$	Nullvektor
$\vec{b}_x^{\,0}, \vec{b}_y^{\,0}, \vec{b}_z^{\,0}$	Basisvektoren (Einheitsvektoren)
$\vec{b}_a$	Projektion des Vektors $\vec{b}$ in Richtung von (Vektor) $\vec{a}$
$\overrightarrow{AF}$	(Verbindungs-)Vektor zwischen den Punkten A und F (gerichtete Strecke)
$\overrightarrow{OP}$	Ortsvektor zum Punkt P
$*$	Skalarprodukt
$\parallel$	parallel
$\perp$	orthogonal
$\uparrow\uparrow$	gleichorientiert
$\uparrow\downarrow$	entgegengesetzt orientiert
$\sphericalangle$	Winkel zwischen

2 Vektoren

2.1 Grundlagen

Punkt	**Ebene (2-Tupel, geordnetes Paar)** $P(x/y)$	**Raum (3-Tupel, geordnetes Tripel)** $P(x/y/z)$

Zweidimensionales Koordinatensystem

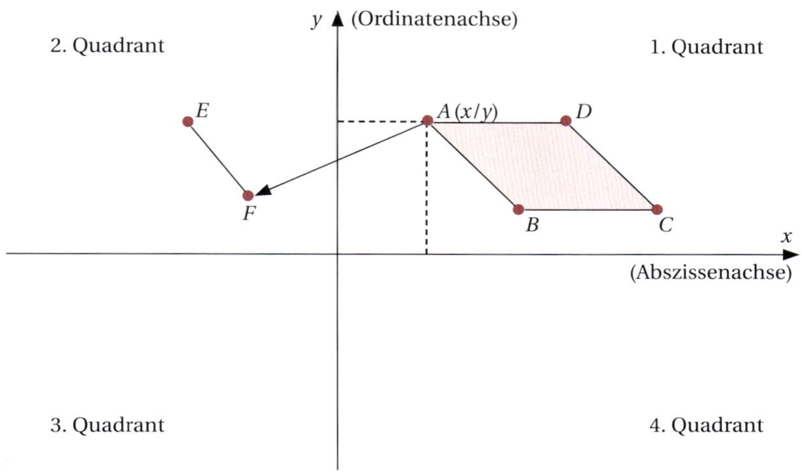

Punkt	$A(x/y)$	1. Quadrant
Strecke	$\overline{EF}$	2. Quadrant
Vektor	$\overrightarrow{AF}$	1. und 2. Quadrant
Viereck	$ABCD_{\square}$	1. Quadrant

Quadrant	1.	2.	3.	4.
***x*-Koordinate (Abszisse)**	+	–	–	+
***y*-Koordinate (Ordinate)**	+	+	–	–

Dreidimensionales Koordinatensystem

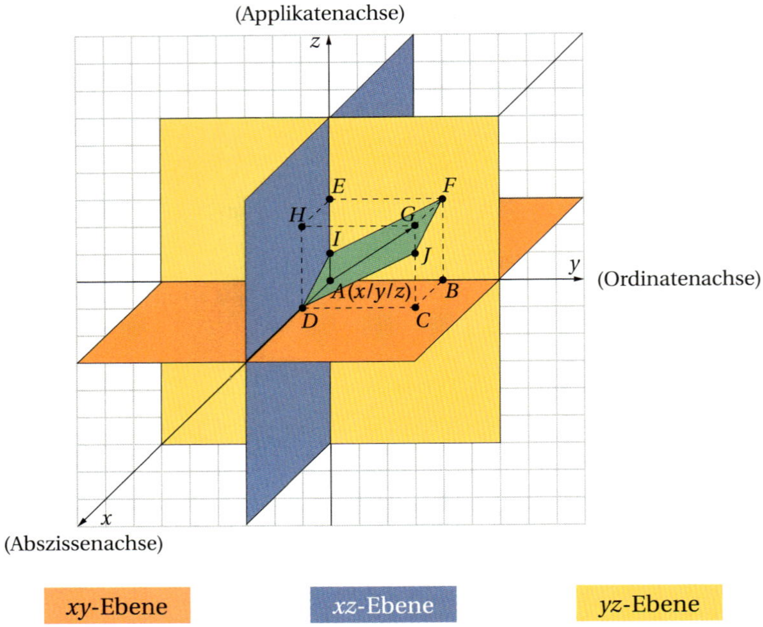

Punkt	$J(x/y/z)$	1. Oktant
Rechteck	$ABCD_{\square}$	xy-Ebene
Quadrat	$ADHE$	xz-Ebene
Rechteck	$ABEF_{\square}$	yz-Ebene
Strecke	$\overline{AD}$	Abszissenachse
Vektor	$\overrightarrow{AG}$	1. Oktant
Parallelogramm	$DFIJ_{\square}$	1. Oktant
Quader	$ABCDEFGH$	1. Oktant

Oktant	1.	2.	3.	4.	5.	6.	7.	8.
x-Koordinate (Abszisse)	+	–	–	+	+	–	–	+
y-Koordinate (Ordinate)	+	+	–	–	+	+	–	–
z-Koordinate (Applikate)	+	+	+	+	–	–	–	–

Vektor	**Verbindungsvektor Ebene** 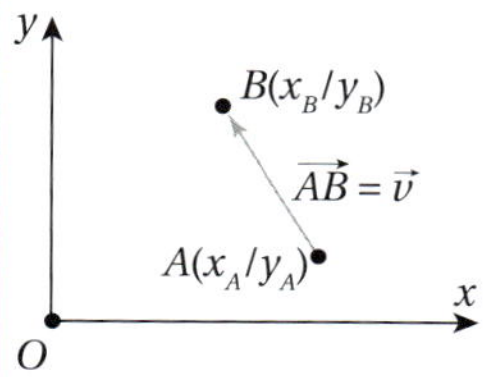	$\overrightarrow{AB} = \vec{v} = \begin{pmatrix} x_B - x_A \\ y_B - y_A \end{pmatrix}_{2\times 1}$
	Verbindungsvektor Raum 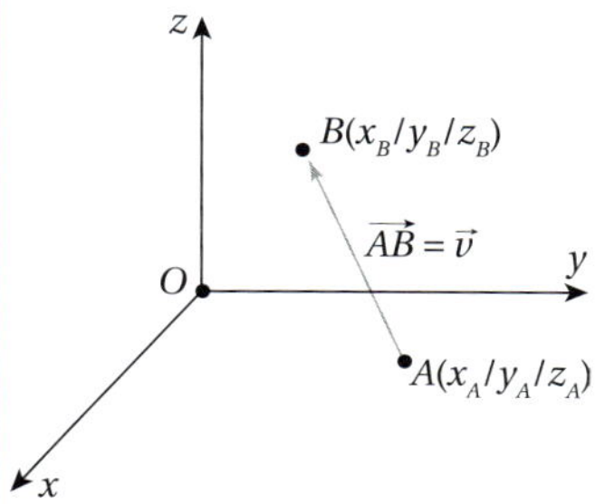	$\overrightarrow{AB} = \vec{v} = \begin{pmatrix} x_B - x_A \\ y_B - y_A \\ z_B - z_A \end{pmatrix}_{3\times 1}$
	Ortsvektor Ebene 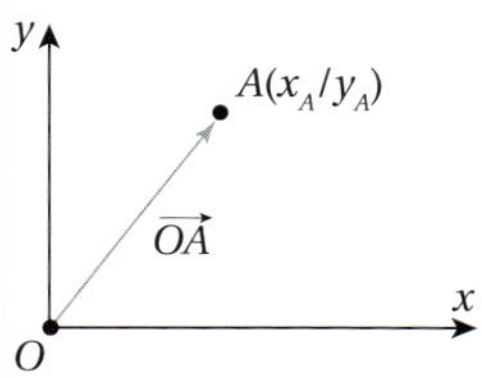	$\overrightarrow{OA} = \begin{pmatrix} x_A - 0 \\ y_A - 0 \end{pmatrix}_{2\times 1} = \begin{pmatrix} x_A \\ y_A \end{pmatrix}_{2\times 1}$
	Ortsvektor Raum 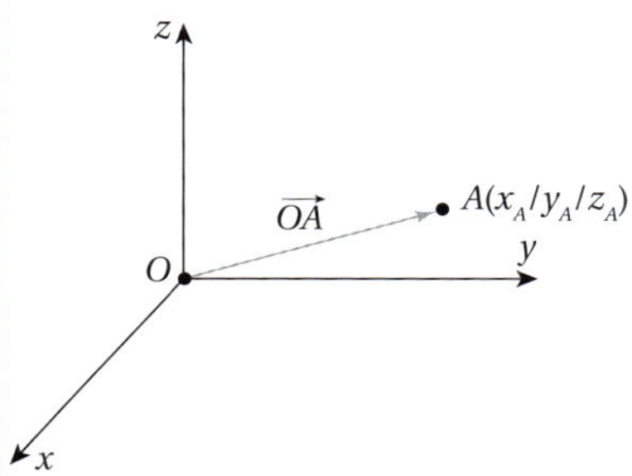	$\overrightarrow{OA} = \begin{pmatrix} x_A - 0 \\ y_A - 0 \\ z_A - 0 \end{pmatrix}_{3\times 1} = \begin{pmatrix} x_A \\ y_A \\ z_A \end{pmatrix}_{3\times 1}$
Betrag (Länge) eines Vektors	**Ebene** $\vec{a} = \begin{pmatrix} a_1 \\ a_2 \end{pmatrix} \Rightarrow \lvert\vec{a}\rvert = \sqrt{a_1^2 + a_2^2}$	
	Raum $\vec{a} = \begin{pmatrix} a_1 \\ a_2 \\ a_3 \end{pmatrix} \Rightarrow \lvert\vec{a}\rvert = \sqrt{a_1^2 + a_2^2 + a_3^2}$	

2.2 Besondere Vektoren

Transponierter Vektor	$\vec{a}_{z\times 1} = \begin{pmatrix} a_1 \\ a_2 \\ \vdots \\ a_z \end{pmatrix} \Rightarrow \vec{a}^{\,T}_{1\times z} = (a_1 \quad a_2 \quad \dots \quad a_z)$	
Nullvektor	$\vec{o} = \begin{pmatrix} 0 \\ 0 \\ \vdots \\ 0 \end{pmatrix}$	
Einsvektor	$\vec{e} = \begin{pmatrix} 1 \\ 1 \\ \vdots \\ 1 \end{pmatrix}$	
Gegenvektor	$\vec{a} + (-\vec{a}) = \begin{pmatrix} a_1 \\ a_2 \\ \vdots \\ a_z \end{pmatrix} + \begin{pmatrix} -a_1 \\ -a_2 \\ \vdots \\ -a_z \end{pmatrix} = \begin{pmatrix} 0 \\ 0 \\ \vdots \\ 0 \end{pmatrix} = \vec{o}$	
Einheitsvektor	$\vec{a}^{\,0} = \frac{1}{\sqrt{a_1^2 + a_2^2 + \cdots + a_z^2}} \cdot \vec{a} = \frac{1}{\lvert\vec{a}\rvert} \cdot \vec{a}$	
Basisvektoren	**Ebene** $\vec{b}^{\,0}_x = \begin{pmatrix} 1 \\ 0 \end{pmatrix}, \vec{b}^{\,0}_y = \begin{pmatrix} 0 \\ 1 \end{pmatrix}$	**Raum** $\vec{b}^{\,0}_x = \begin{pmatrix} 1 \\ 0 \\ 0 \end{pmatrix}, \vec{b}^{\,0}_y = \begin{pmatrix} 0 \\ 1 \\ 0 \end{pmatrix}, \vec{b}^{\,0}_z = \begin{pmatrix} 0 \\ 0 \\ 1 \end{pmatrix}$

2.3 Grundlegende Rechenoperationen

Addition und Subtraktion	$\vec{a} \pm \vec{b} = \begin{pmatrix} a_1 \\ a_2 \\ \vdots \\ a_z \end{pmatrix} \pm \begin{pmatrix} b_1 \\ b_2 \\ \vdots \\ b_z \end{pmatrix} = \begin{pmatrix} a_1 + b_1 \\ a_2 \pm b_2 \\ \vdots \\ a_z \pm b_z \end{pmatrix}$ Für alle Vektoren $\vec{a}$ und $\vec{b}$ gilt: $\vec{a} + \vec{b} = \vec{b} + \vec{a}$ **Vertauschungsgesetz (Kommutativgesetz)** $\vec{a} + (\vec{b} + \vec{c}) = (\vec{a} + \vec{b}) + \vec{c}$ **Verbindungsgesetz (Assoziativgesetz)**

Addition und Subtraktion *(Fortsetzung)*

- **Geometrische Veranschaulichung**

Addition

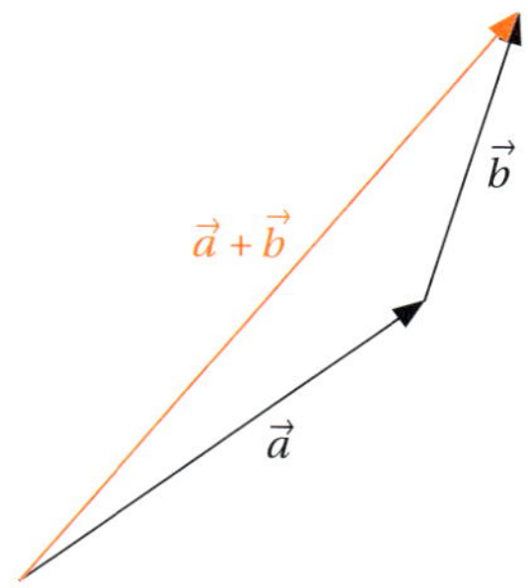

Subtraktion

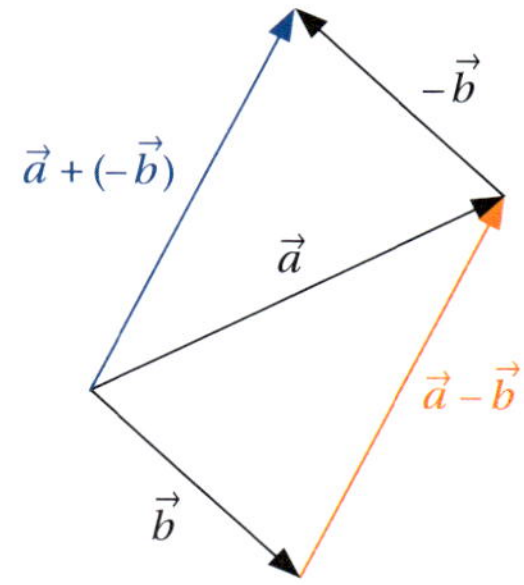

Skalare Multiplikation

$$s \cdot \vec{a} = s \cdot \begin{pmatrix} a_1 \\ a_2 \\ \vdots \\ a_z \end{pmatrix} = \begin{pmatrix} s \cdot a_1 \\ s \cdot a_2 \\ \vdots \\ s \cdot a_z \end{pmatrix}$$

Für alle Vektoren $\vec{a}$ und $\vec{b}$ und alle $r, s \in \mathbb{R}$ gilt:

$s \cdot \vec{a} = \vec{a} \cdot s$	**Vertauschungsgesetz (Kommutativgesetz)**
$s \cdot (\vec{a} + \vec{b}) = s \cdot \vec{a} + s \cdot \vec{b}$	**Verteilungsgesetz (Distributivgesetz)**
$(r + s) \cdot \vec{a} = r \cdot \vec{a} + s \cdot \vec{a}$	**Verteilungsgesetz (Distributivgesetz)**
$r \cdot (s \cdot \vec{a}) = (r \cdot s) \cdot \vec{a}$	**Verbindungsgesetz (Assoziativgesetz)**

- **Geometrische Veranschaulichung**

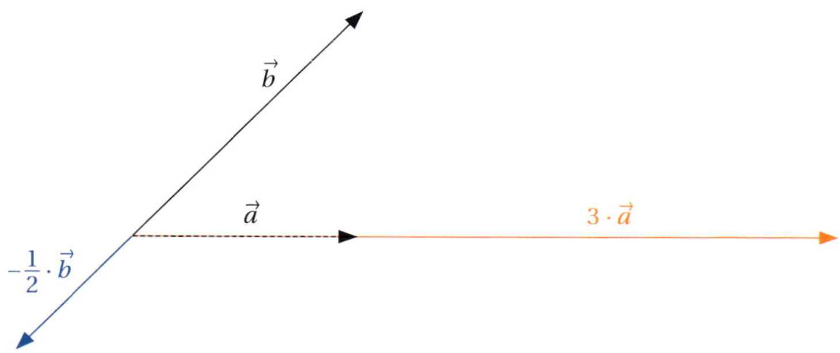

Skalarprodukt

Für die Vektoren $\vec{a} = \begin{pmatrix} a_1 \\ a_2 \\ \vdots \\ a_z \end{pmatrix}$ und $\vec{b} \begin{pmatrix} b_1 \\ b_2 \\ \vdots \\ b_z \end{pmatrix}$ gilt:

$$\vec{a} * \vec{b} = \begin{pmatrix} a_1 \\ a_2 \\ \vdots \\ a_z \end{pmatrix} * \begin{pmatrix} b_1 \\ b_2 \\ \vdots \\ b_z \end{pmatrix} = a_1 \cdot b_1 + a_2 \cdot b_2 + \dots + a_z \cdot b_z = \sum_{i=1}^{z} a_i \cdot b_i = s$$

Skalarprodukt *(Fortsetzung)*	Für alle Vektoren $\vec{a}$, $\vec{b}$ und $\vec{c}$ und den Skalar $r \in \mathbb{R}$ gilt: $\vec{a} * \vec{b} = \vec{b} * \vec{a}$ **Vertauschungsgesetz (Kommutativgesetz)** $\vec{a} * (\vec{b} + \vec{c}) = \vec{a} * \vec{b} + \vec{a} * \vec{c}$ **Verteilungsgesetz (Distributivgesetz)** $\vec{a} * (r \cdot \vec{b}) = r \cdot (\vec{a} * \vec{b})$ **Verbindungsgesetz (Assoziativgesetz)**

- **Geometrische Veranschaulichung (Projektion)**
  spitzer Winkel $0° < \varphi = \sphericalangle(\vec{a}, \vec{b}) < 90°$

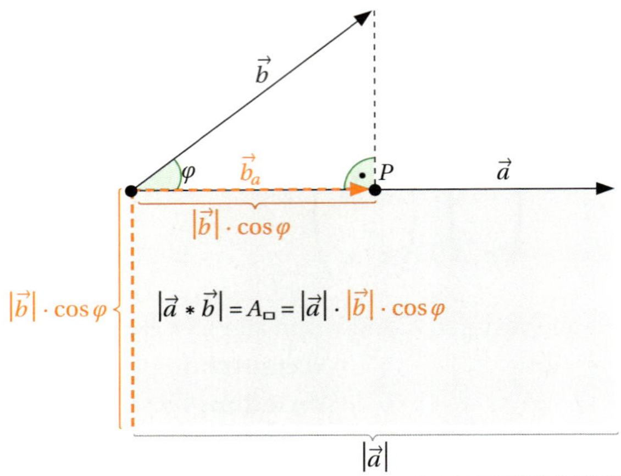

- **Geometrische Veranschaulichung (Projektion)**
  stumpfer Winkel $90° < \varphi = \sphericalangle(\vec{a}, \vec{b}) < 180°$

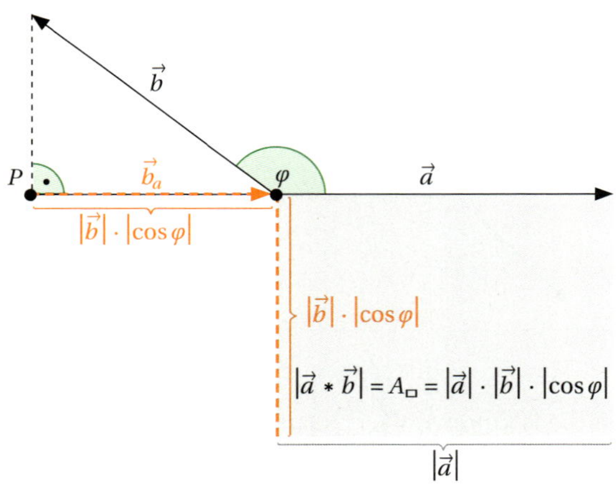

2.4 Maße und Lagen

Abstand zweier Punkte (Länge eines Vektors)

- **In der Ebene:**

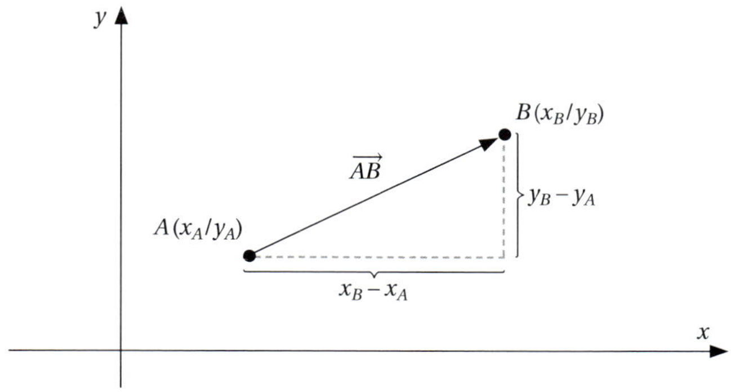

$|\overrightarrow{AB}| = \sqrt{(x_B - x_A)^2 + (y_B - y_A)^2}$

- **Im Raum:**

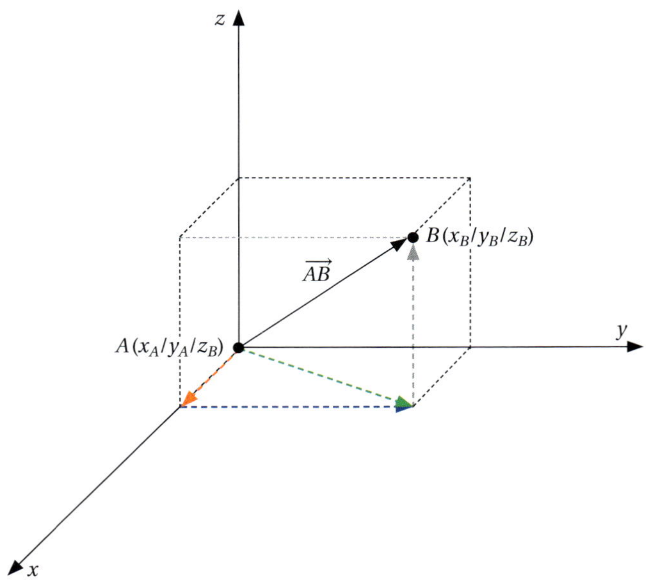

grüne Strecke: $\sqrt{(x_B - x_A)^2 + (y_B - y_A)^2}$

$|\overrightarrow{AB}| = \sqrt{(x_B - x_A)^2 + (y_B - y_A)^2 + (z_B - z_A)^2}$

Winkel zwischen Vektoren	Für die Vektoren $\vec{a} = \begin{pmatrix} a_1 \\ a_2 \\ \vdots \\ a_z \end{pmatrix}$ und $\vec{b} = \begin{pmatrix} b_1 \\ b_2 \\ \vdots \\ b_z \end{pmatrix}$ mit $\vec{a}; \vec{b} \neq \vec{o}$ und $0^\circ \leq \varphi = \sphericalangle\left(\vec{a}, \vec{b}\right) < 180^\circ$ gilt: $\cos\varphi = \dfrac{\vec{a} * \vec{b}}{\lvert\vec{a}\rvert \cdot \lvert\vec{b}\rvert}$ 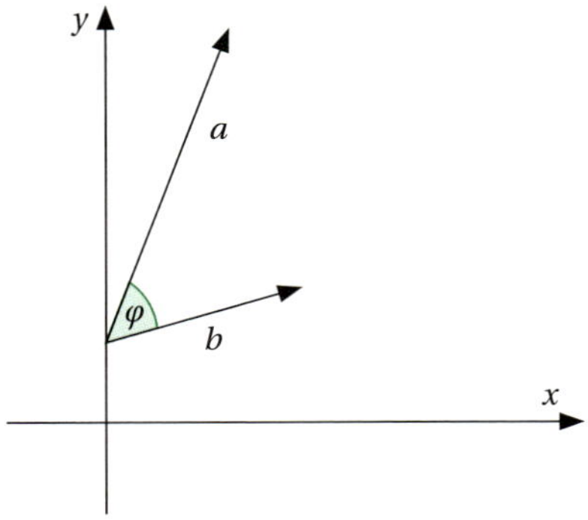
Winkel zwischen Vektoren und Basisvektoren (Koordinaten-achsen)	Ist $\vec{a} \neq \vec{o}$, so gilt für die Vektoren $\vec{a} = \begin{pmatrix} a_x \\ a_y \\ a_z \end{pmatrix}$ und $\vec{b}_x^{\,0} = \begin{pmatrix} 1 \\ 0 \\ 0 \end{pmatrix}$: $\cos\alpha = \dfrac{a_x}{\lvert\vec{a}\rvert}$ mit $= \alpha \sphericalangle\left(\vec{a}, \vec{b}_y^{\,0}\right)$; für die Vektoren $\vec{a} = \begin{pmatrix} a_x \\ a_y \\ a_z \end{pmatrix}$ und $\vec{b}_y^{\,0} = \begin{pmatrix} 0 \\ 1 \\ 0 \end{pmatrix}$: $\cos\beta = \dfrac{a_y}{\lvert\vec{a}\rvert}$ mit $= \beta \sphericalangle\left(\vec{a}, \vec{b}_y^{\,0}\right)$; für die Vektoren $\vec{a} = \begin{pmatrix} a_x \\ a_y \\ a_z \end{pmatrix}$ und $\vec{b}_z^{\,0} = \begin{pmatrix} 0 \\ 0 \\ 1 \end{pmatrix}$: $\cos\gamma = \dfrac{a_z}{\lvert\vec{a}\rvert}$ mit $= \gamma \sphericalangle\left(\vec{a}, \vec{b}_z^{\,0}\right)$.
Kollinearität (Parallelität) zweier Vektoren	$\vec{a} \,\vert\vert\, \vec{b}$ Für zwei kollineare Vektoren gilt: $\vec{a} = s \cdot \vec{b} \Leftrightarrow \vec{a} - s \cdot \vec{b} = \vec{o}$ oder $\lvert\vec{a} * \vec{b}\rvert = \lvert\vec{a}\rvert \cdot \lvert\vec{b}\rvert$ mit $\vec{a}, \vec{b} \neq \vec{o}$ 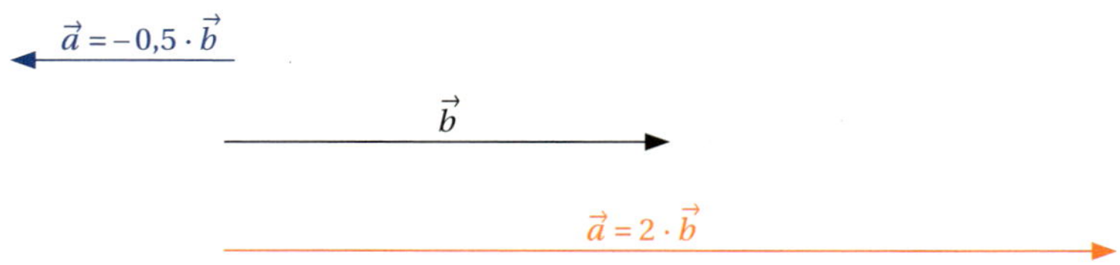 $s < 0 \Rightarrow \vec{a} \upharpoonleft\downharpoonright \vec{b}$ $s > 0 \Rightarrow \vec{a} \upuparrows \vec{b}$

Orthogonalität zweier Vektoren	$\vec{a} \perp \vec{b}$ Für zwei Vektoren gilt: $\vec{a} * \vec{b} = a_1 \cdot b_1 + a_2 \cdot b_2 + \cdots + a_z \cdot b_z = 0$ mit $\vec{a}, \vec{b} \neq \vec{o}$ 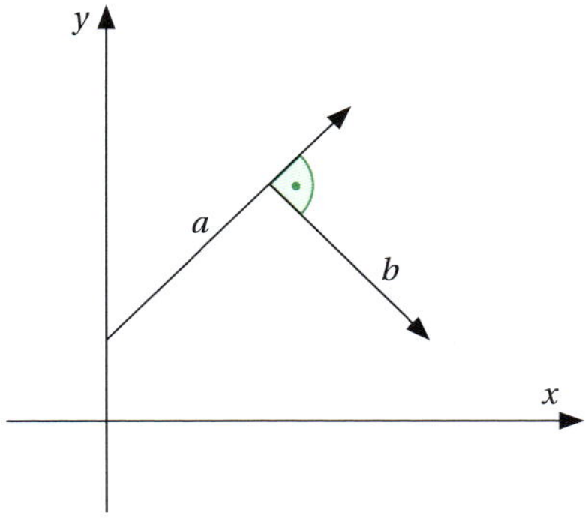

1 Mathematische Zeichen und Symbole der linearen Algebra

Zeichen, Symbol	Sprechweise/Bedeutung
$\vec{v}$	Vektor $\vec{v}$ (Spaltenvektor)
$\vec{v}^{\mathrm{T}}$	transponierter Vektor $\vec{v}^{\mathrm{T}}$ (Zeilenvektor)
$\vec{v}_{\infty}^{\mathrm{T}}$	(transponierter) Fixvektor
$\boldsymbol{A}$	Matrix $\boldsymbol{A}$
$\boldsymbol{A}^{\mathrm{T}}$	transponierte Matrix $\boldsymbol{A}$
$\boldsymbol{A}^{-1}$	Inverse (Matrix) zur Matrix $\boldsymbol{A}$
$\boldsymbol{A}_{\infty}$	Grenzmatrix $\boldsymbol{A}$
$\boldsymbol{A}\vert\vec{v}$	um den Vektor $\vec{v}$ erweiterte Matrix $\boldsymbol{A}$
$\boldsymbol{E}$	Einheitsmatrix $\boldsymbol{E}$
$\boldsymbol{O}$	Nullmatrix $\boldsymbol{O}$
$\boldsymbol{S}$	Sektorenmatrix $\boldsymbol{S}$
$\boldsymbol{T}$	Technologiematrix $\boldsymbol{T}$
$(\boldsymbol{E}-\boldsymbol{T})^{-1}$	Leontief-Inverse

2 Matrizen

2.1 Grundlagen

Matrix (Matrizen)	$\boldsymbol{A}_{z\times s}=\begin{pmatrix} a_{11} & a_{12} & \cdots & a_{1s} \\ a_{21} & a_{22} & \cdots & a_{2s} \\ \vdots & \vdots & \ddots & \vdots \\ a_{z1} & a_{z2} & \cdots & a_{zs} \end{pmatrix}_{z\times s}$
Dimension (Format) einer Matrix	$z \cdot s$ mit z Anzahl der Zeilen und s Anzahl der Spalten
Elemente (Komponenten) einer Matrix	$a_{11}; a_{12}; \ldots; a_{1s}; a_{21}; a_{22}; \ldots; a_{zs}$

2.2 Besondere Matrizen

Quadratische Matrix	$A_{n\times n} = \begin{pmatrix} a_{11} & a_{12} & \cdots & a_{1n} \\ a_{21} & a_{22} & \cdots & a_{2n} \\ \vdots & \vdots & \ddots & \vdots \\ a_{n1} & a_{n2} & \cdots & a_{nn} \end{pmatrix}$
Einheitsmatrix	$E_{n\times n} = \begin{pmatrix} 1 & 0 & \cdots & 0 \\ 0 & 1 & \ddots & \vdots \\ \vdots & \ddots & \ddots & 0 \\ 0 & \cdots & 0 & 1 \end{pmatrix}$
Diagonalmatrix	$D_{n\times n} = \begin{pmatrix} d_{11} & 0 & \cdots & 0 \\ 0 & d_{22} & \ddots & \vdots \\ \vdots & \ddots & \ddots & 0 \\ 0 & \cdots & 0 & d_{nn} \end{pmatrix}$
Dreiecksmatrix	$A_{n\times n} = \begin{pmatrix} a_{11} & a_{12} & \cdots & a_{1n} \\ 0 & a_{22} & \ddots & \vdots \\ \vdots & \ddots & \ddots & a_{n-1;n} \\ 0 & \cdots & 0 & a_{nn} \end{pmatrix}$
	$A_{n\times n} = \begin{pmatrix} a_{11} & 0 & \cdots & 0 \\ a_{21} & a_{22} & \ddots & \vdots \\ \vdots & \ddots & \ddots & 0 \\ a_{1n} & \cdots & a_{n;n-1} & a_{nn} \end{pmatrix}$
Nullmatrix	$O_{z\times s} = \begin{pmatrix} 0 & 0 & \cdots & 0 \\ 0 & 0 & \cdots & 0 \\ \vdots & \vdots & \ddots & \vdots \\ 0 & 0 & \cdots & 0 \end{pmatrix}$
Transponierte Matrix	$A_{z\times s} = \begin{pmatrix} a_{11} & a_{12} & \cdots & a_{1s} \\ a_{21} & a_{22} & \cdots & a_{2s} \\ \vdots & \vdots & \ddots & \vdots \\ a_{z1} & a_{z2} & \cdots & a_{zs} \end{pmatrix}$ $A^{T}_{s\times z} = \begin{pmatrix} a_{11} & a_{21} & \cdots & a_{z1} \\ a_{12} & a_{22} & \cdots & a_{z2} \\ \vdots & \vdots & & \vdots \\ a_{1s} & a_{2s} & \cdots & a_{zs} \end{pmatrix}$
Inverse Matrix (Inverse)	A^{-1} $A \cdot A^{-1} = A^{-1} \cdot A = E$ A: quadratische Matrix A^{-1}: inverse Matrix E: Einheitsmatrix
Inverse einer 2 × 2-Matrix	$A^{-1} = \frac{1}{ad-bc} \cdot \begin{pmatrix} d & -b \\ -c & a \end{pmatrix}$ mit $A = \begin{pmatrix} a & b \\ c & d \end{pmatrix}$

2.3 Grundlegende Rechenoperationen

Addition und Subtraktion	$\boldsymbol{A} \pm \boldsymbol{B} = \begin{pmatrix} a_{11} & a_{12} & \cdots & a_{1s} \\ a_{21} & a_{22} & \cdots & a_{2s} \\ \vdots & \vdots & \ddots & \vdots \\ a_{z1} & a_{z2} & \cdots & a_{zs} \end{pmatrix} \pm \begin{pmatrix} b_{11} & b_{12} & \cdots & b_{1s} \\ b_{21} & b_{22} & \cdots & b_{2s} \\ \vdots & \vdots & \ddots & \vdots \\ b_{z1} & b_{z2} & \cdots & b_{zs} \end{pmatrix}$ $= \begin{pmatrix} a_{11} \pm b_{11} & a_{12} \pm b_{12} & \cdots & a_{1s} + b_{1s} \\ a_{21} \pm b_{21} & a_{22} \pm b_{22} & \cdots & a_{2s} + b_{2s} \\ \vdots & \vdots & \ddots & \vdots \\ a_{z1} \pm b_{z1} & a_{z2} \pm b_{z2} & \cdots & a_{zs} \pm b_{zs} \end{pmatrix}$ Für alle Matrizen A und B gilt: $\boldsymbol{A} + \boldsymbol{B} = \boldsymbol{B} + \boldsymbol{A}$ **Vertauschungsgesetz (Kommutativgesetz)** $\boldsymbol{A} + (\boldsymbol{B} + \boldsymbol{C}) = (\boldsymbol{A} + \boldsymbol{B}) + \boldsymbol{C}$ **Verbindungsgesetz (Assoziativgesetz)**
Skalare Multiplikation	$s \cdot \boldsymbol{A} = s \cdot \begin{pmatrix} a_{11} & a_{12} & \cdots & a_{1s} \\ a_{21} & a_{22} & \cdots & a_{2s} \\ \vdots & \vdots & \ddots & \vdots \\ a_{z1} & a_{z2} & \cdots & a_{zs} \end{pmatrix} = \begin{pmatrix} s \cdot a_{11} & s \cdot a_{12} & \cdots & s \cdot a_{1s} \\ s \cdot a_{21} & s \cdot a_{22} & \cdots & s \cdot a_{2s} \\ \vdots & \vdots & \ddots & \vdots \\ s \cdot a_{z1} & s \cdot a_{z2} & \cdots & s \cdot a_{zs} \end{pmatrix}$ Für alle Matrizen A und B und alle $r, s \in \mathbb{R}$ gilt: $s \cdot (\boldsymbol{A} + \boldsymbol{B}) = s \cdot \boldsymbol{A} + s \cdot \boldsymbol{B}$ **Verteilungsgesetz (Distributivgesetz)** $(r + s) \cdot \boldsymbol{A} = r \cdot \boldsymbol{A} + s \cdot \boldsymbol{A}$ **Verteilungsgesetz (Distributivgesetz)**
Multiplikation von Vektoren	**Zeilenvektor mit Spaltenvektor** $\vec{a}^{\mathrm{T}}_{1 \times n} \cdot \vec{b}_{n \times 1} = (a_1 \;\; a_2 \;\; \cdots \;\; a_n) \cdot \begin{pmatrix} b_1 \\ b_2 \\ \vdots \\ b_n \end{pmatrix} = s$ $\vec{a}^{\mathrm{T}}_{1 \times n} \cdot \vec{b}_{n \times 1} = a_1 \cdot b_1 + a_2 \cdot b_2 + \cdots + a_n \cdot b_n = \sum_{i=1}^{n} a_i \cdot b_i = s$ **Spaltenvektor mit Spaltenvektor** **Skalarprodukt** siehe Seite 67 f.

Multiplikation von Matrix und Vektor	**Matrix mit Spaltenvektor** $B_{z\times n}\cdot \vec{a}_{n\times 1} = \vec{c}_{z\times 1}$ $\begin{pmatrix} b_{11} & \cdots & b_{1n} \\ \vdots & \ddots & \vdots \\ b_{z1} & \cdots & b_{zn} \end{pmatrix} \cdot \begin{pmatrix} a_1 \\ \vdots \\ a_n \end{pmatrix} = \begin{pmatrix} b_{11}\cdot a_1 + \cdots + b_{1n}\cdot a_n \\ \vdots \\ b_{z1}\cdot a_1 + \cdots + b_{zn}\cdot a_n \end{pmatrix} = \begin{pmatrix} c_1 \\ \vdots \\ c_z \end{pmatrix}$ **Zeilenvektor mit Matrix** $\vec{a}^{\mathrm{T}}_{1\times n}\cdot B_{n\times s} = \vec{c}^{\mathrm{T}}_{1\times s}$ $\begin{pmatrix} a_1 & \cdots & a_n \end{pmatrix} \cdot \begin{pmatrix} b_{11} & \cdots & b_{1s} \\ \vdots & \ddots & \vdots \\ b_{n1} & \cdots & b_{ns} \end{pmatrix}$ $= \begin{pmatrix} a_1\cdot b_{11} + \ldots + a_n\cdot b_{n1} & \ldots & a_1\cdot b_{1s} + \cdots + a_n\cdot b_{ns} \end{pmatrix} = \begin{pmatrix} c_1 & \ldots & c_s \end{pmatrix}$
Multiplikation von Matrizen (Falksches Schema)	$A_{z\times n}\cdot B_{n\times s} = C_{z\times s}$ $\begin{pmatrix} a_{11} & \cdots & a_{1n} \\ \vdots & \ddots & \vdots \\ a_{z1} & \cdots & a_{zn} \end{pmatrix} \cdot \begin{pmatrix} b_{11} & \cdots & b_{1s} \\ \vdots & \ddots & \vdots \\ b_{n1} & \cdots & b_{ns} \end{pmatrix}$ $= \begin{pmatrix} a_{11}\cdot b_{11} + \cdots + a_{1n}\cdot b_{n1} & \cdots & a_{11}\cdot b_{1s} + \cdots + a_{1n}\cdot b_{ns} \\ \vdots & \ddots & \vdots \\ a_{z1}\cdot b_{11} + \cdots + a_{zn}\cdot b_{n1} & \cdots & a_{z1}\cdot b_{1s} + \cdots + a_{zn}\cdot b_{ns} \end{pmatrix}$ $= \begin{pmatrix} c_{11} & \cdots & c_{1s} \\ \vdots & \ddots & \vdots \\ c_{z1} & \cdots & c_{zs} \end{pmatrix}$ $\begin{array}{c\|c} & \begin{bmatrix} b_{11} & \cdots & b_{1s} \\ \vdots & \ddots & \vdots \\ b_{n1} & \cdots & b_{ns} \end{bmatrix} \\ \hline \begin{bmatrix} a_{11} & \ldots & a_{1n} \\ \vdots & \ddots & \vdots \\ a_{z1} & \ldots & a_{zn} \end{bmatrix} & \begin{bmatrix} a_{11}\cdot b_{11} + \ldots + a_{1n}\cdot b_{n1} & \cdots & a_{11}\cdot b_{1s} + \ldots + a_{1n}\cdot b_{ns} \\ \vdots & \ddots & \vdots \\ a_{z1}\cdot b_{11} + \ldots + a_{zn}\cdot b_{n1} & \ldots & a_{z1}\cdot b_{1s} + \ldots + a_{zn}\cdot b_{ns} \end{bmatrix} \end{array}$
	Für alle Matrizen ***A*** und ***B*** und $s \in \mathbb{R}$ gilt: $A\cdot B \neq B\cdot A$ $A\cdot(B\cdot C) = (A\cdot B)\cdot C$ **Verbindungsgesetz (Assoziativgesetz)** $A\cdot(B+C) = (A\cdot B)+(A\cdot C)$ **Verteilungsgesetz (Distributivgesetz)** $s\cdot(A\cdot B) = (s\cdot A)\cdot B$ **Verteilungsgesetz (Distributivgesetz)** $A\cdot B = C \Leftrightarrow B = A^{-1}\cdot C$ **linksseitige Multiplikation** $A\cdot B = C \Leftrightarrow A = C\cdot B^{-1}$ **rechtsseitige Multiplikation**

3 Lineare Gleichungssysteme

Lineares Gleichungs-system (LGS)	$$\begin{matrix} a_{11} \cdot x_1 + a_{12} \cdot x_2 + \cdots + a_{1s} \cdot x_s = b_1 \\ a_{21} \cdot x_1 + a_{22} \cdot x_2 + \cdots + a_{2s} \cdot x_s = b_2 \\ \vdots \quad \vdots \quad \vdots \quad \vdots \quad \vdots \\ a_{z1} \cdot x_1 + a_{z2} \cdot x_2 + \ldots + a_{zs} \cdot x_s = b_z \end{matrix}$$
LGS als Produkt einer Matrix und eines Spalten-vektors	$\boldsymbol{A} \cdot \vec{x} = \vec{b}$ $$\begin{pmatrix} a_{11} & a_{12} & \cdots & a_{1s} \\ a_{21} & a_{22} & \cdots & a_{2s} \\ \vdots & \vdots & \ddots & \vdots \\ a_{z1} & a_{z2} & \cdots & a_{zs} \end{pmatrix} \cdot \begin{pmatrix} x_1 \\ x_2 \\ \vdots \\ x_s \end{pmatrix} = \begin{pmatrix} b_1 \\ b_2 \\ \vdots \\ b_z \end{pmatrix}$$
Koeffizienten-matrix	$$\boldsymbol{A} = \begin{pmatrix} a_{11} & a_{12} & \cdots & a_{1s} \\ a_{21} & a_{22} & \cdots & a_{2s} \\ \vdots & \vdots & \ddots & \vdots \\ a_{z1} & a_{z2} & \cdots & a_{zs} \end{pmatrix}$$
Lösungsvektor	$$\vec{b} = \begin{pmatrix} b_1 \\ b_2 \\ \vdots \\ b_z \end{pmatrix}$$
Erweiterte Koeffizienten-matrix	$$\boldsymbol{A} \mid \vec{b} = \left(\begin{array}{cccc\|c} a_{11} & a_{12} & \cdots & a_{1s} & b_1 \\ a_{21} & a_{22} & \cdots & a_{2s} & b_2 \\ \vdots & \vdots & \ddots & \vdots & \vdots \\ a_{z1} & a_{z2} & \cdots & a_{zs} & b_z \end{array}\right)$$

4 Mehrstufige Produktionsprozesse

4.1 Darstellungsarten

Verflechtungsdiagramm (Gozintograph)

2-stufiger Produktionsprozess mit den Rohstoffen R1, R2 und R3 den Zwischenprodukten Z1 und Z2 sowie den Endprodukten E1, E2 und E3.

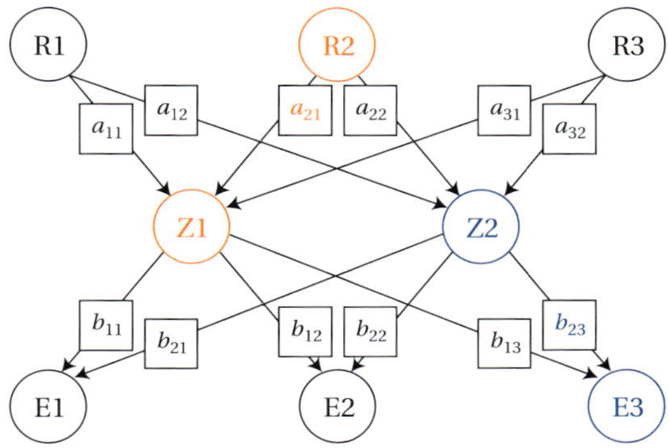

$a_{zs}, b_{zs} \in \mathbb{R}_+$

Tabellen und Matrizen

2-stufiger Produktionsprozess mit den Rohstoffen R1, R2 und R3 den Zwischenprodukten Z1 und Z2 sowie den Endprodukten E1, E2 und E3.

- **1. Produktionsstufe (Rohstoff → Zwischenprodukt)**

Rohstoff-Zwischenprodukt-Tabelle

	Z1	Z2
R1	a_{11}	a_{12}
R2	a_{21}	a_{22}
R3	a_{31}	a_{32}

$a_{zs} \in \mathbb{R}_+$

Rohstoff-Zwischenprodukt-Matrix (1. Produktionsmatrix)

$$A_{RZ} = \begin{pmatrix} a_{11} & a_{12} \\ a_{21} & a_{22} \\ a_{31} & a_{32} \end{pmatrix}_{3\times 2}$$

- **2. Produktionsstufe (Zwischenprodukt → Endprodukt)**

Zwischenprodukt-Endprodukt-Tabelle

	E1	E2	E3
Z1	b_{11}	b_{12}	b_{13}
Z2	b_{21}	b_{22}	b_{23}

$b_{zs} \in \mathbb{R}_+$

Zwischenprodukt-Endprodukt-Matrix (2. Produktionsmatrix)

$$B_{ZE} = \begin{pmatrix} b_{11} & b_{12} & b_{13} \\ b_{21} & b_{22} & b_{23} \end{pmatrix}_{2\times 3}$$

<table>
<tr><td>Tabellen und Matrizen
(Fortsetzung)</td><td>

• **Bedarfsmatrix (Rohstoff → Endprodukt)**

Rohstoff-Endprodukt-Tabelle

	E1	E2	E3
R1	c_{11}	c_{12}	c_{13}
R2	c_{21}	c_{22}	c_{23}
R2	c_{31}	c_{32}	c_{33}

$c_{zs} \in \mathbb{R}_+$

Rohstoff-Endprodukt-Matrix (Bedarfsmatrix)

$C_{RE} = A_{RZ} \cdot B_{ZE}$

$C_{RE} = \begin{pmatrix} c_{11} & c_{12} & c_{13} \\ c_{21} & c_{22} & c_{23} \\ c_{31} & c_{32} & c_{33} \end{pmatrix}_{3\times 3}$

</td></tr>
</table>

4.2 Mengenvektoren

Produktionsmengenvektor	$\vec{m} = \begin{pmatrix} m_1 \\ m_2 \\ \vdots \\ m_n \end{pmatrix}$	m_1 bis m_n: Mengeneinheiten der Endprodukte E1 bis En
Rohstoffbedarfsvektor	$\vec{r} = C_{RE} \cdot \vec{m} = \begin{pmatrix} r_1 \\ r_2 \\ \vdots \\ r_n \end{pmatrix}$	r_1 bis r_n: Mengeneinheiten der Rohstoffe R1 bis Rn

4.3 Produktionskosten und Gewinn

Rohstoffkostenvektor	$\vec{k}_R^T = (k_{R1} \; k_{R2} \; \cdots \; k_{Rn})$	k_{R1} bis k_{Rn}: Rohstoffpreise
Zwischenproduktkostenvektor	$\vec{k}_Z^T = (k_{Z1} \; k_{Z2} \; \cdots \; k_{Zn})$	k_{Z1} bis k_{Zn}: Kosten
Endproduktkostenvektor	$\vec{k}_E^T = (k_{E1} \; k_{E2} \; \cdots \; k_{En})$	k_{E1} bis k_{En}: Kosten
Endprodukt-Rohstoff-Kostenvektor	$\vec{k}_{RE}^T = \vec{k}_R^T \cdot C_{RE}$ oder $\vec{k}_{RE}^T = \vec{k}_R^T \cdot A_{RZ} \cdot B_{ZE}$	$\vec{k}_{RE}^T$: Kosten
Endprodukt-Zwischenprodukt-Kostenvektor	$\vec{k}_{ZE}^T = \vec{k}_Z^T \cdot B_{ZE}$	$\vec{k}_{ZE}^T$: Kosten

Variable Stückkosten	$\vec{k}^{\,T}_{v} = \vec{k}^{\,T}_{RE} + \vec{k}^{\,T}_{ZE} + \vec{k}^{\,T}_{E}$ oder $k_v^T = k_R^T \cdot \boldsymbol{C}_{RE} + k_Z^T \cdot \boldsymbol{B}_{ZE} + k_E^T$	$\vec{k}^{\,T}_{v}$: Kosten
Variable Gesamtkosten	$K_v = \vec{k}^{\,T}_{v} \cdot \vec{m}$ oder $K_v = (\vec{k}^{\,T}_{R} \cdot \boldsymbol{C}_{RE} + \vec{k}^{\,T}_{Z} \cdot \boldsymbol{B}_{ZE} + \vec{k}^{\,T}_{E}) \cdot \vec{m}$	
Gesamtkosten	$K = K_v + K_f$	K_f: Fixkosten
(Verkaufs-) Preisvektor	$\vec{p}^{\,T} = (p_1 \ \ p_2 \ \cdots \ p_n)$	p_1 bis p_n: Verkaufspreise jeweils einer Mengenheit der Endprodukte E1 bis En
Erlös	$E = \vec{p}^{\,T} \cdot \vec{m} = (p_1 \ \ p_2 \ \cdots \ p_n) \cdot \begin{pmatrix} m_1 \\ m_2 \\ \vdots \\ m_n \end{pmatrix}$	
Gewinn	$G = E - K$ oder $G = [\vec{p}^{\,T} - \left[\left(\vec{k}^{\,T}_{R} \cdot \boldsymbol{A}_{RZ} \cdot \boldsymbol{B}_{ZE} + \vec{k}^{\,T}_{Z} \cdot \boldsymbol{B}_{ZE} + \vec{k}^{\,T}_{E}\right)\right] \cdot \vec{m} - K_f$	

5 Käufer- und Wählerverhalten

Übergangsgraph	Drei Alternativen A1, A2 und A3 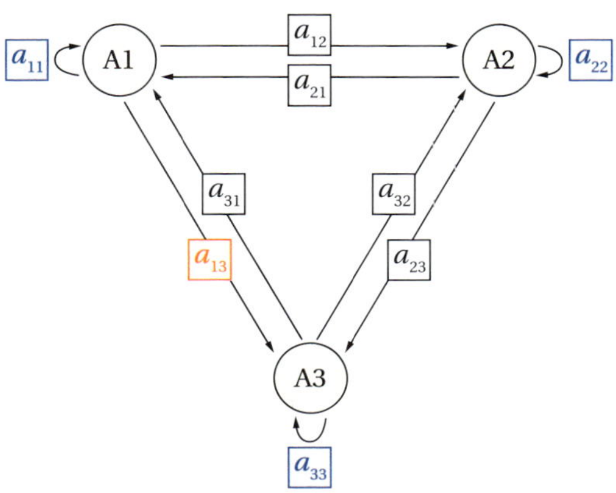

<table>
<tr>
<td>Übergangs-tabelle und Übergangs-matrix</td>
<td>
Übergangstabelle
<table>
<tr><th>↷</th><th>A1</th><th>A2</th><th>A3</th></tr>
<tr><th>A1</th><td>a_{11}</td><td>a_{12}</td><td>a_{13}</td></tr>
<tr><th>A2</th><td>a_{21}</td><td>a_{22}</td><td>a_{23}</td></tr>
<tr><th>A3</th><td>a_{31}</td><td>a_{32}</td><td>a_{33}</td></tr>
</table>
Übergangsmatrix A (stochastische Matrix)
$\boldsymbol{A} = \begin{pmatrix} a_{11} & a_{12} & a_{13} \\ a_{21} & a_{22} & a_{23} \\ a_{31} & a_{32} & a_{33} \end{pmatrix}$
</td>
</tr>
<tr>
<td>Ausgangs-vektor (Anfangs-verteilung)</td>
<td>$\vec{v}_0^{\,\mathrm{T}} = (v_1 \;\; v_2 \;\; \dots \;\; v_n)$
$v_i \in [0;\,1]$
$\sum\limits_{i=1}^{n} v_i = 1$</td>
</tr>
<tr>
<td>Verteilung nach n Perioden</td>
<td>$\vec{v}_1^{\,\mathrm{T}} = \vec{v}_0^{\,\mathrm{T}} \cdot \boldsymbol{A}$
$\vec{v}_n^{\,\mathrm{T}} = \vec{v}_{n-1}^{\,\mathrm{T}} \cdot \boldsymbol{A} = \vec{v}_0^{\,\mathrm{T}} \cdot \boldsymbol{A}^n$</td>
</tr>
<tr>
<td>Fixvektor</td>
<td>$\vec{v}_\infty^{\,\mathrm{T}} = \lim\limits_{n \to \infty} \vec{v}_0^{\,\mathrm{T}} \cdot \boldsymbol{A}^n$
$(v_1 \;\; v_2 \;\; \cdots \;\; v_n) \cdot \begin{pmatrix} a_{11} & a_{12} & \cdots & a_{1n} \\ a_{21} & a_{22} & \cdots & a_{2n} \\ \vdots & \vdots & \ddots & \vdots \\ a_{n1} & a_{n2} & \cdots & a_{nn} \end{pmatrix} = (v_1 \;\; v_2 \;\; \cdots \;\; v_n)$
mit
$v_n = 1 - (v_1 + v_2 + \cdots + v_{n-1})$
$v_i \in [0;\,1]$
$\sum\limits_{i=1}^{n} v_i = 1$</td>
</tr>
<tr>
<td>Grenzmatrix</td>
<td>$\boldsymbol{A}_\infty = \lim\limits_{n \to \infty} \boldsymbol{A}^n = \begin{pmatrix} v_1 & v_2 & \cdots & v_n \\ v_1 & v_2 & \cdots & v_n \\ \vdots & \vdots & \vdots & \vdots \\ v_1 & v_2 & \cdots & v_n \end{pmatrix}$ mit $(v_1 \;\; v_2 \;\; \cdots \;\; v_n) = \vec{v}_\infty^{\,\mathrm{T}}$
$v_i \in [0;\,1]$
$\sum\limits_{i=1}^{n} v_i = 1$</td>
</tr>
</table>

6 Leontief-Modell

Verflechtungs-diagramm

Drei Sektoren S1, S2 und S3 und Konsum K

Variante 1:

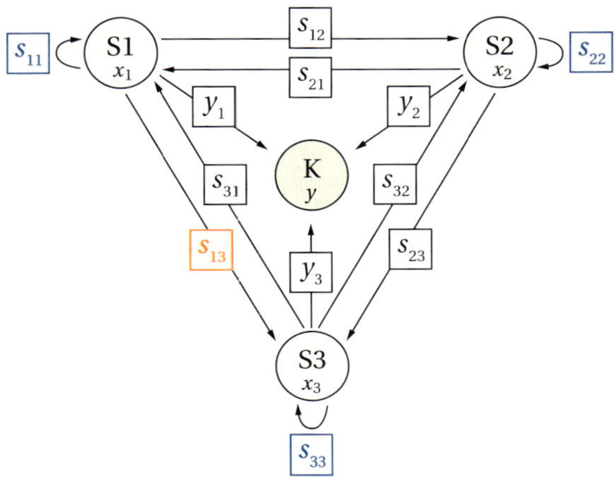

Variante 2:

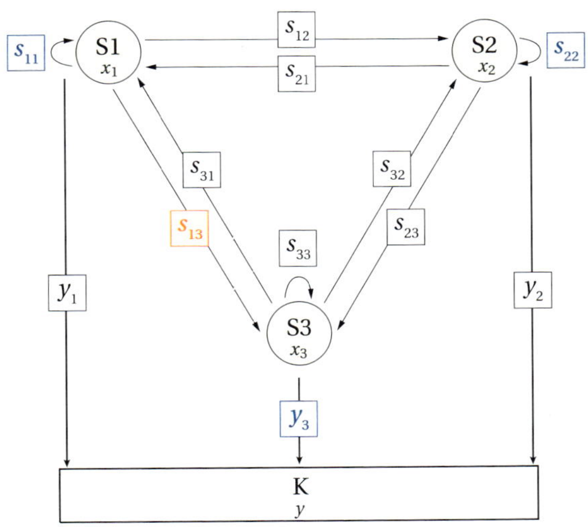

$x_1 = s_{11} + s_{12} + s_{13} + y_1$ $\quad$ x : Produktion

$x_2 = s_{21} + s_{22} + s_{23} + y_2$ $\quad$ y : Konsum(abgabe)

$x_3 = s_{31} + s_{32} + s_{33} + y_3$ $\quad$ $s_{ij} \geq 0$

$y = y_1 + y_2 + y_3$ $\quad$ $y_i \geq 0$

Sektortabelle und Sektormatrix

Sektortabelle

↷	S1	S2	S3
S1	s_{11}	s_{12}	s_{13}
S2	s_{21}	s_{22}	s_{23}
S2	s_{31}	s_{32}	s_{33}

Sektormatrix *S*

$$S = \begin{pmatrix} s_{11} & s_{12} & s_{13} \\ s_{21} & s_{22} & s_{23} \\ s_{31} & s_{32} & s_{33} \end{pmatrix}$$

s_{nn}: Eigenverbrauch in Geldeinheiten

s_{ij}: Liefermenge in Geldeinheiten von Sektor s_i an Sektor s_j

Input-Output-Tabelle

↷	S1	S2	S3	$y_i = \text{K}$	x_i
S1	s_{11}	s_{12}	s_{13}	y_1	$x_1 = s_{11} + s_{12} + s_{13} + y_1$
S2	s_{21}	s_{22}	s_{23}	y_2	$x_2 = s_{21} + s_{22} + s_{23} + y_2$
S2	s_{31}	s_{32}	s_{33}	y_3	$x_3 = s_{31} + s_{32} + s_{33} + y_3$

Konsumabgabe

$y_i = x_i - (s_{i1} + s_{i2} + s_{i3})$

Konsumabgabenquote

$$\text{KQ} = \frac{\text{Gesamtkonsum}}{\text{Gesamtproduktion}} = \frac{\sum_{i=1}^{n} y_i}{\sum_{i=1}^{n} x_i}$$

Wertschöpfung eines Sektors

$W_i = x_i - (s_{1i} + s_{2i} + s_{3i})$

Technologiematrix (Inputmatrix)

$$T = \begin{pmatrix} \frac{s_{11}}{x_1} & \frac{s_{12}}{x_2} & \frac{s_{13}}{x_3} \\ \frac{s_{21}}{x_1} & \frac{s_{22}}{x_2} & \frac{s_{23}}{x_3} \\ \frac{s_{31}}{x_1} & \frac{s_{32}}{x_2} & \frac{s_{33}}{x_3} \end{pmatrix} = \begin{pmatrix} t_{11} & t_{12} & t_{13} \\ t_{21} & t_{22} & t_{23} \\ t_{31} & t_{32} & t_{33} \end{pmatrix} \text{ mit } t_{ij} \geq 0$$

Leontief-Inverse

$(E - T)^{-1}$

Konsumvektor

$\vec{y} = \vec{x} - T \cdot \vec{x} = (E - T) \cdot \vec{x}$

$$\vec{y} = \begin{pmatrix} y_1 \\ y_2 \\ \vdots \\ y_n \end{pmatrix} \text{ mit } y_i \geq 0$$

Gesamtproduktionsvektor

$\vec{x} = (E - T)^{-1} \cdot \vec{y}$

$$\vec{x} = \begin{pmatrix} x_1 \\ x_2 \\ \vdots \\ x_n \end{pmatrix} \text{ mit } x_i \geq 0$$

1 Mathematische Zeichen und Symbole der Stochastik

Zeichen, Symbol	Sprechweise/Bedeutung
n	Stichprobenumfang
x_i	Merkmalsausprägung eines Merkmals
n_i	absolute Häufigkeit einer Merkmalsausprägung
$h(x_i)$	relative Häufigkeit einer Merkmalsausprägung
x_{min}	kleinste Merkmalsausprägung
x_{max}	größte Merkmalsausprägung
R	Spannweite
x_{Mod}	Modalwert – Merkmalsausprägung mit der größten Häufigkeit
$\bar{x}$	x quer – arithmetisches Mittel, Mittelwert, Durchschnittswert
x_{Med}	Median, Zentralwert, mittlerer Wert einer geordneten Stichprobe
s^2	empirische Varianz, mittlere quadratische Abweichung
s	empirische Standardabweichung
$\sum$	Summe
$\sum_{i=1}^{n} x_i$	Summe aller x_i von $i = 1$ bis $i = n$
$\cup$	vereinigt mit; Zusammenfügen von Mengen
$\cap$	geschnitten mit; Gemeinsamkeiten von Mengen
$\subseteq$	ist Teilmenge von
$\subset$	ist *echte* Teilmenge von
e	Ergebnis
S	Ergebnismenge
$\lvert S \rvert$	Anzahl aller möglichen Ergebnisse
E	Ereignis
$\bar{E}$	nicht E, Gegenereignis

Zeichen, Symbol	Sprechweise/Bedeutung
$\|E\|$	Anzahl aller günstigen Ergebnisse
$P(E)$	Wahrscheinlichkeit des Ereignisses E
$P_B(A)$	Wahrscheinlichkeit für das Ereignis A unter der Bedingung, dass B bereits eingetreten ist
$!$	Fakultät
$\binom{n}{k}$	n über k, Binomialkoeffizient
$\mapsto$	wird zugeordnet
$\varphi(x)$	phi von x, Dichtefunktion der Normalverteilung
$\Phi(x)$	Phi von x, Verteilungsfunktion der Normalverteilung
$\int_a^b f(x)\,\mathrm{d}x$	Integral f von x dx von a bis b

2 Beschreibende Statistik

2.1 Häufigkeiten

Absolute Häufigkeit	n_i	$n_i \in \mathbb{N}$
Relative Häufigkeit	$h(x_i) = \frac{n_i}{n}$	$h(x_i)$: relative Häufigkeit h einer Merkmalsausprägung x_i $0 \leq h(x_i) \leq 1$ h_i: absolute Häufigkeit einer Merkmalsausprägung n: Stichprobenumfang; $n \in \mathbb{N}^*$

2.2 Lagemaße

Modalwert	x_{Mod}: Modalwert, **Modus**. Merkmalsausprägung mit der größten Häufigkeit
Modalklasse	Bei **klassierten Daten** heißt die Klasse mit der größten Häufigkeit Modalklasse.

Arithmetisches Mittel	• für **ungruppierte Daten:** $\bar{x} = \frac{x_1 + x_2 + x_3 + \ldots + x_n}{n} = \frac{1}{n}\sum_{i=1}^{n} x_i$ • für **gruppierte Daten mit absoluten Häufigkeiten:** $\bar{x} = \frac{x_1 \cdot n_1 + x_2 \cdot n_2 + x_3 \cdot n_3 + \ldots + x_k \cdot n_k}{k} = \frac{1}{n}\sum_{i=1}^{k} x_i \cdot n_i$ • für **gruppierte Daten mit relativen Häufigkeiten:** $\bar{x} = x_1 \cdot h(x_1) + x_2 \cdot h(x_2) + x_3 \cdot h(x_3) + \ldots + x_k \cdot h(x_k) = \sum_{i=1}^{k} x_i \cdot h(x_i)$ • bei **klassierten Daten mit absoluten Häufigkeiten:** $\bar{x} = \frac{x^*_1 \cdot n_1 + x^*_2 \cdot n_2 + x^*_3 \cdot n_3 + \ldots + x^*_k \cdot n_k}{n} = \frac{1}{n}\sum_{i=1}^{k} x_i^* \cdot n_i$ • bei **klassierten Daten mit relativen Häufigkeiten:** $\bar{x} = x_1^* \cdot h(x_1) + x_2^* \cdot h(x_2) + x_3^* \cdot h(x_3) + \ldots + x_k^* \cdot h(x_k) = \sum_{i=1}^{k} x_i \cdot h(x_i)$	$\bar{x}$: arithmetische Mittel, Mittelwert *t* Durchschnittswert $x_i = x_1, x_2, x_3, \ldots, x_n$: Merkmalsausprägung n: Stichprobenumfang n_i: absolute Häufigkeit einer Merkmalsausprägung $h(x_i)$: relative Häufigkeit h einer Merkmalsausprägung x_i k: die Anzahl der unterschiedlichen Merkmalsausprägungen; $k < n$ x_i^*: Klassenmitte mit $x_i^* = \frac{x_i^u + x_i^o}{2}$ x_i^u: kleinster Klassenwert x_i^o: größter Klassenwert
Median	• bei **ungeradem Stichprobenumfang *n*:** $x_{Med} = x_{\frac{n+1}{2}}$ • bei **einem geradem Stichprobenumfang *n*:** $x_{Med} = \frac{1}{2}\left(x_{\frac{n}{2}} + x_{\frac{n}{2}+1}\right)$	x_{Med}: **Median, Zentralwert, mittlerer Wert** x: Merkmal in der geordneten Urliste n: Stichprobenumfang
Medianklasse	• **bei klassierten Daten mit absoluten Häufigkeiten:** die Klasse, in der die aufsummierten absoluten Häufigkeiten den Wert $\frac{n}{2}$ erreichen oder überschreiten • **bei klassierten Daten mit relativen Häufigkeiten:** die Klasse, in der die aufsummierten relativen Häufigkeiten den Wert 0,5 erreichen oder überschreiten	

2.3 Streumaße

Spannweite	• $R = x_{\max} - x_{\min}$ • bei **klassierten Daten:** $R = x_k^{o} - x_1^{u}$	R: Spannweite $x_{\max}$: größte Merkmalsausprägung $x_{\min}$: kleinste Merkmalsausprägung x_k^{o}: obere Klassengrenze der obersten Klasse x_1^{u}: untere Klassengrenze der untersten Klasse
Mittlere quadratische Abweichung (empirische Varianz)	• für **ungruppierte Daten:** $s^2 = \frac{(x_1-\bar{x})^2 + (x_2-\bar{x})^2 + (x_3-\bar{x})^2 + \ldots + (x_n-\bar{x})^2}{n}$ $= \frac{1}{n} \sum_{i=1}^{n} (x_i - \bar{x})^2$ • für **gruppierte Daten mit absoluten Häufigkeiten:** $s^2 = \frac{(x_1-\bar{x})^2 \cdot n_1 + (x_2-\bar{x})^2 \cdot n_2 + \ldots + (x_n-\bar{x})^2 \cdot n_k}{n}$ $= \frac{1}{n} \sum_{i=1}^{k} (x_i - \bar{x})^2 \cdot n_i$ • für **gruppierte Daten mit relativen Häufigkeiten:** $s^2 = (x_1 - \bar{x})^2 \cdot h(x_1) +$ $(x_2 - \bar{x})^2 \cdot h(x_2) + \ldots +$ $(x_k - \bar{x}) \cdot h(x_k)$ $= \sum_{i=1}^{k} (x_i - \bar{x})^2 \cdot h(x_i)$ • bei **klassierten Daten:** $s^2 = \sum_{i=1}^{k} (x_i^* - \bar{x})^2 \cdot h(x_i^*)$	s^2: mittlere quadratische Abweichung, empirische Varianz n: Stichprobenumfang x_i: Merkmalsausprägung $\bar{x}$: arithmetisches Mittel n_i: absolute Häufigkeit einer Merkmalsausprägung x_i $h(x_i)$: relative Häufigkeit h einer Merkmalsausprägung x_i k: Anzahl der unterschiedlichen Merkmalsausprägungen; $k < n$ x_i^*: Klassenmitte

Streumaße

Empirische Standard-abweichung	$s=\sqrt{s^2}$ • für **ungruppierte Daten:** $s=\sqrt{\frac{(x_1-\bar{x})^2+(x_2-\bar{x})^2+(x_3-\bar{x})^2+\ldots+(x_n-\bar{x})^2}{n}}$ $=\sqrt{\frac{1}{n}\sum_{i=1}^{n}(x_i-\bar{x})^2}$ • für **gruppierte Daten mit absoluten Häufigkeiten n_i:** $s=\sqrt{\frac{(x_1-\bar{x})^2\cdot n_1+(x_2-\bar{x})^2\cdot n_2+\ldots+(x_k\cdot \bar{x})\cdot n_k}{n}}$ $=\sqrt{\frac{1}{n}\sum_{i=1}^{k}(x_i-\bar{x})^2 n_i}$ • für **gruppierte Daten mit relativen Häufigkeiten $h(x_i)$:** $s=\sqrt{(x_1-\bar{x})^2\cdot h(x_1)+(x_2-\bar{x})^2\cdot h(x_2)+\ldots+(x_k\cdot \bar{x})\cdot h(x_k)}$ $=\sqrt{\sum_{i=1}^{k}(x_i-\bar{x})^2 h(x_i)}$ s: empirische Standardabweichung s^2: mittlere quadratische Abweichung, empirische Varianz n: Stichprobenumfang x_i: Merkmalsausprägung $\bar{x}$: arithmetisches Mittel	n_i: absolute Häufigkeit einer Merkmalsausprägung x_i $h(x_i)$: relative Häufigkeit h einer Merkmalsausprägung x_i k: Anzahl der unterschiedlichen Merkmalsausprägungen; $k < n$
	• bei **klassierten Daten:** $s=\sum_{i=1}^{k}(x_i^*-\bar{x})^2\cdot h(x_i^*)$	x_i^*: Klassenmitte

3 Wahrscheinlichkeitsrechnung

3.1 Grundbegriffe

Ergebnismenge (Ergebnis-raum Ω)	$S=\{e_1;\ e_2;\ e_3;\ \ldots\ e_n\}$	S: Ergebnismenge e_i: Ergebnis (Ausgang) eines Zufallsexperiments
Ereignis	$E \subseteq S$	E: Teilmenge aus S E: Ereignis S: Ergebnismenge

Elementar-ereignis	$E \subset S$	E: *echte* Teilmenge aus S mit nur einem Element E: Ereignis S: Ergebnismenge
Relative Häufigkeit eines Ergebnisses	$h(e_i) = \frac{n_i}{n}$	$0 \leq h(e_i) \leq 1$ $h(e_i)$: relative Häufigkeit eines Ergebnisses e_i e_i: Ergebnis (Ausgang) eines Zufallsexperiments
Wahrscheinlichkeit eines Ergebnisses	$P(e_i)$	$0 \leq P(e_i) \leq 1$ $P(e_i)$: Wahrscheinlichkeit eines Ergebnisses e_i e_i: Ergebnis (Ausgang) eines Zufallsexperiments
Wahrscheinlichkeit eines Ereignisses	$P(E)$	$0 \leq P(E) \leq 1$ $P(E)$: Wahrscheinlichkeit eines Ereignisses E: Ereignis
Laplace-Experiment	Wenn bei einem Zufallsexperiment alle Ergebnisse die gleiche Wahrscheinlichkeit haben, so heißt dieses Zufallsexperiment Laplace-Experiment.	
	Wahrscheinlichkeit eines Laplace-Ergebnisses (Elementarereignis) $P(e) = \frac{1}{\lvert S \rvert}$ **Wahrscheinlichkeit eines Laplace-Ereignisses** $P(E) = \frac{\lvert E \rvert}{\lvert S \rvert}$ **Gegenwahrscheinlichkeit** $P(\overline{E}) = 1 - P(E)$	$\lvert S \rvert$: Anzahl aller möglichen Ergebnisse $\lvert E \rvert$: Anzahl aller günstigen Ergebnisse $0 \leq P(E) \leq 1$

3.2 Baumdiagramme und Pfadregeln

Baumdiagramm	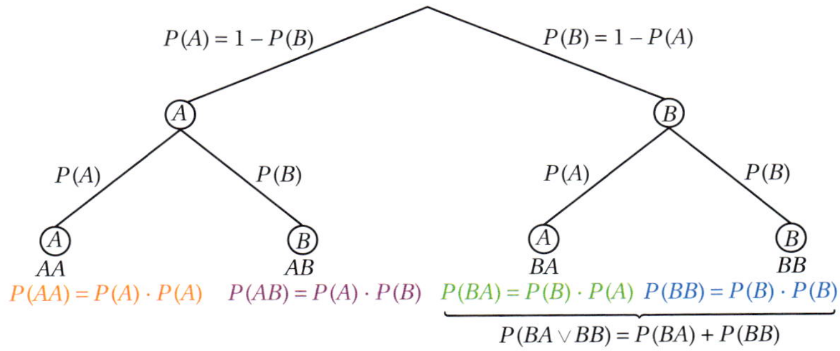	
Variation	$BA \neq AB$	Reihenfolge wird beachtet
Kombination	$BA = AB$	Reihenfolge wird *nicht* beachtet
Pfadmultiplikationsregel (1. Pfadregel)	$P(AA) = P(A) \cdot P(A)$.	
Pfadadditionsregel (2. Pfadregel)	$P(BA \vee BB) = P(BA) + P(BB)$	

3.3 Bedingte Wahrscheinlichkeit

Bedingte Wahrscheinlichkeit	$P_B(A) = \dfrac{P(A \cap B)}{P(B)}$	Die Wahrscheinlichkeit für das Ereignis A unter der Vorraussetzung, dass B schon eingetreten ist. B: **bedingendes Ereignis**
	$P_A(B) = \dfrac{P(A \cap B)}{P(A)}$	Die Wahrscheinlichkeit für das Ereignis B unter der Vorraussetzung, dass A schon eingetreten ist. A: **bedingendes Ereignis**
Satz von Bayes	$P_B(A) = \dfrac{P(A \cap B)}{P(B)} = \dfrac{P(A) \cdot \dfrac{P(A \cap B)}{P(A)}}{P(B)} = \dfrac{P(A) \cdot P_A(B)}{P(B)}$, mit $P(A), P(B) \neq 0$	

Baumdiagramm

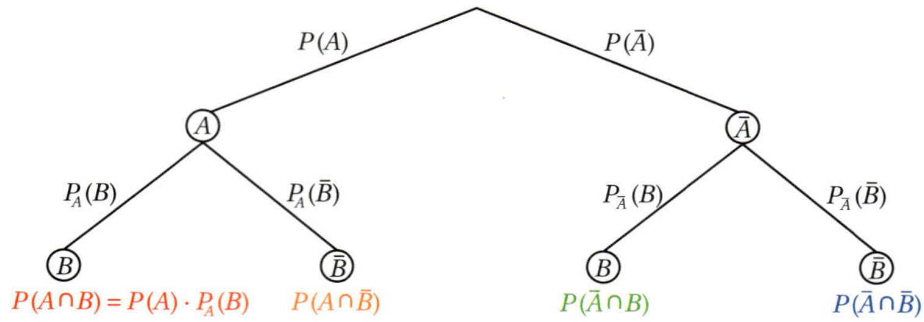

Vier-Felder-Tafel

	B	$\bar{B}$	Σ
A	$P(A \cap B)$	$P(A \cap \bar{B})$	$P(A)$
$\bar{A}$	$P(\bar{A} \cap B)$	$P(\bar{A} \cap \bar{B})$	$P(\bar{A})$
Σ	$P(B)$	$P(\bar{B})$	1

Inverses (umgekehrtes) Baumdiagramm

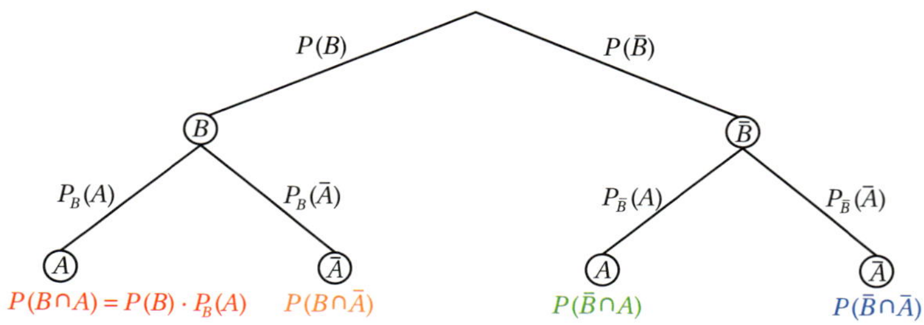

Inverse (umgekehrte) Vier-Felder-Tafel

	A	$\bar{A}$	Σ
B	$P(B \cap A)$	$P(B \cap \bar{A})$	$P(B)$
$\bar{B}$	$P(\bar{B} \cap A)$	$P(\bar{B} \cap \bar{A})$	$P(\bar{B})$
Σ	$P(A)$	$P(\bar{A})$	1

Gesetz der totalen Wahrscheinlichkeit

$P(B) = P(A) \cdot P_A(B) + P(\bar{A}) \cdot P_{\bar{A}}(B)$

stochastisch unabhängige Ereignisse *A* und *B*

$$P_A(B) = \frac{P(A \cap B)}{P(A)} = \frac{P(A) \cdot P(B)}{P(A)} = P(B)$$

$P(A \cap B) = P(A) \cdot P(B)$,

mit $P(A), P(B) \neq 0$

3.4 Allgemeine Wahrscheinlichkeitsverteilung

Zufallsgröße X	**diskrete Zufallsgröße** $X = k$ mit $k \in \mathbb{N}$ **stetige Zufallsgröße** $X = k$ mit $k \in \mathbb{R}$
Erwartungswert der Zufallsgröße X	$E(X) = \sum_{i=1}^{n} x_i \cdot P(X = x_i)$
Varianz der Zufallsgröße X	$V(X) = \sum_{i=1}^{n} (x_i - E(X))^2 \cdot P(X = x_i)$
Standardabweichung der Zufallsgröße X	$\sigma(X) = \sqrt{V(X)} = \sqrt{\sum_{i=1}^{n} (x_i - E(X))^2 \cdot P(X = x_i)}$
Streuungsintervall der Zufallsgröße X	$[E(X) - \sigma(X); E(X) + \sigma(X)]$

3.5 Binomialverteilung

Fakultät	$n! = n \cdot (n-1) \cdot (n-2) \cdot \ldots \cdot (n-(n-1))$ $= n \cdot (n-1) \cdot (n-2) \cdot \ldots \cdot 1$	$n \in \mathbb{N}$ $1! = 0! = 1$
Binomialkoeffizient	$\binom{n}{k}$	$\binom{n}{k} = \frac{n!}{k! \cdot (n-k)!}$
Einzelwahrscheinlichkeit (Formel von Bernoulli)	$P(X = k) = B_{n;\,p}(k)$ $= \binom{n}{k} \cdot p^k \cdot (1-p)^{n-k}$	n: Stichprobenumfang k: Treffer p: Trefferwahrscheinlichkeit $n, k \in \mathbb{N}$ $n \geq k$ $0 \leq p \leq 1$
kumulierte Wahrscheinlichkeit	$P(X \leq k) = F_{n;\,p}(k)$ $= \sum_{i=0}^{k} \binom{n}{i} \cdot p^i \cdot (1-p)^{n-i}$	

Wahrscheinlichkeit für Trefferanzahl	• **genau k Treffer** $P(X=k)=B_{n;\,p}(k)$ • **höchstens k Treffer** $P(X \le k)=F_{n;\,p}(k)$ • **weniger als k Treffer** $P(X<k)=P(X \le k-1)=F_{n;\,p}(k-1)$ • **mindestens k Treffer** $P(X \ge k)=1-P(X \le k-1)=1-F_{n;\,p}(k-1)$ • **mehr als k Treffer** $P(X>k)=1-P(X \le k)=1-F_{n;\,p}(k)$ • **mehr als a und höchstens b Treffer** $P(a<X \le b)=P(X \le b)-P(X \le a)$ • **mehr als a und weniger als b Treffer (zwischen a und b Treffer)** $P(a<X<b)=P(X \le b-1)-P(X \le a)$ • **mindestens a und höchstens b Treffer** $P(a \le X \le b)=P(X \le b)-P(X \le a-1)$ • **mindestens a und weniger als b Treffer** $P(a \le X<b)=P(X \le b-1)-P(X \le a-1)$	
Erwartungswert binomialverteilter Zufallsgrößen	$E(X)=\mu=n \cdot p$	$n \in \mathbb{N}^*$ $0 \le p \le 1$ $p+q=1$
Varianz binomialverteilter Zufallsgrößen	$\sigma^2=n \cdot p \cdot q=n \cdot p \cdot (1-p)$	
Standardabweichung binomialverteilter Zufallsgrößen	$\sigma=\sqrt{n \cdot p \cdot q}=\sqrt{n \cdot p \cdot (1-p)}$	
Laplace-Bedingung	$\sigma=\sqrt{n \cdot p \cdot q}>3$	

3.6 Prognoseintervalle und Sigma-Regeln (Intervalle um den Erwartungswert)

Prognose-intervall

Schluss von der Grundgesamtheit auf die Stichprobe

$\sigma = \sqrt{n \cdot p \cdot q} > 3$

$P\left(X \in \left[n \cdot p - (n-k);\, n \cdot p + (n-k)\right]\right) \approx 1 - \alpha$

n: Stichprobenumfang

p: Trefferwahrscheinlichkeit

q: Gegenwahrscheinlichkeit $1 - p$

$1 - \alpha$: Sicherheitswahrscheinlichkeit

α: Irrtumswahrscheinlichkeit

k: kleinste Zahl für die gilt: $F_{n;\,p}(k) \geq \frac{\alpha}{2}$

Vgl. Tabellen der kumulierten Binomialverteilung S. 111 ff.

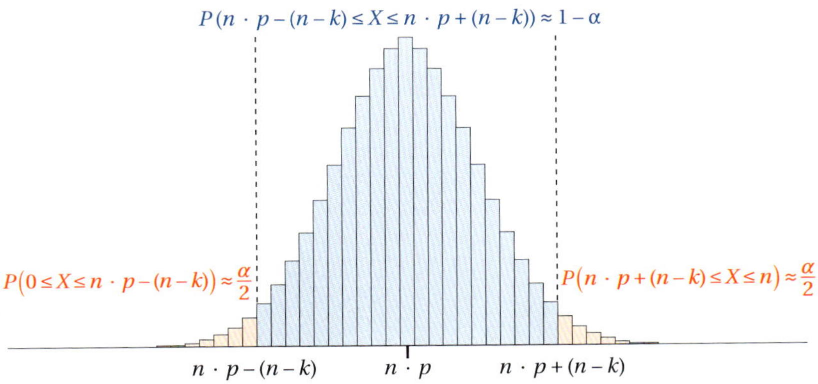

Sigma-Intervalle

$P\left(X \in [\mu - 1\,\sigma;\, \mu + 1\,\sigma]\right) \approx 0{,}68 = 68\,\%$

$P\left(X \in [\mu - 2\,\sigma;\, \mu + 2\,\sigma]\right) \approx 0{,}955 = 95{,}5\,\%$

$P\left(X \in [\mu - 3\,\sigma;\, \mu + 3\,\sigma]\right) \approx 0{,}997 = 99{,}7\,\%$

$P\left(X \in [\mu - 0{,}68\,\sigma;\, \mu + 0{,}68\,\sigma]\right) \approx 0{,}50 = 50\,\%$

$P\left(X \in [\mu - 1{,}64\,\sigma;\, \mu + 1{,}64\,\sigma]\right) \approx 0{,}90 = 90\,\%$

$P\left(X \in [\mu - 1{,}96\,\sigma;\, \mu + 1{,}96\,\sigma]\right) \approx 0{,}95 = 95\,\%$

$P\left(X \in [\mu - 2{,}58\,\sigma;\, \mu + 2{,}58\,\sigma]\right) \approx 0{,}99 = 99\,\%$

μ: Erwartungswert

σ: Standardabweichung

Sigma-Intervalle *(Fortsetzung)*	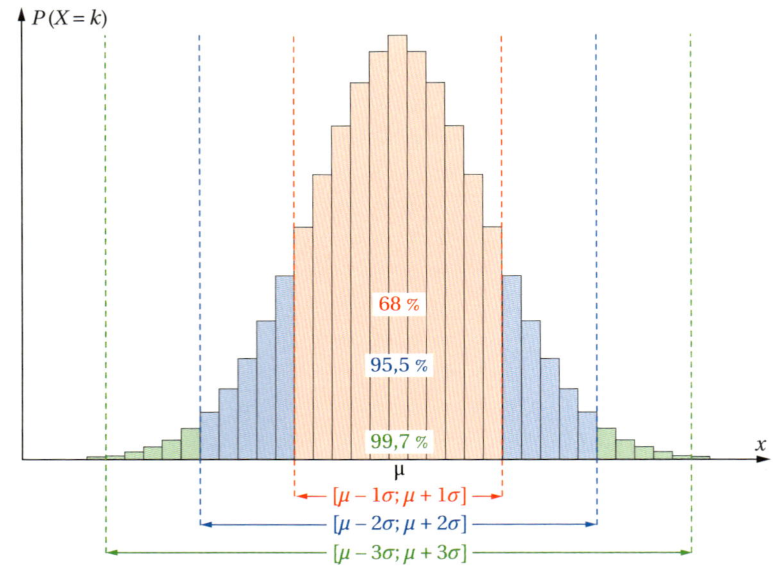

3.7 Normalverteilung

Dichtefunktion

$$\varphi(x) = \frac{1}{\sigma \cdot \sqrt{2\pi}} \cdot e^{-\frac{1}{2}\left(\frac{x-\mu}{\sigma}\right)^2}$$

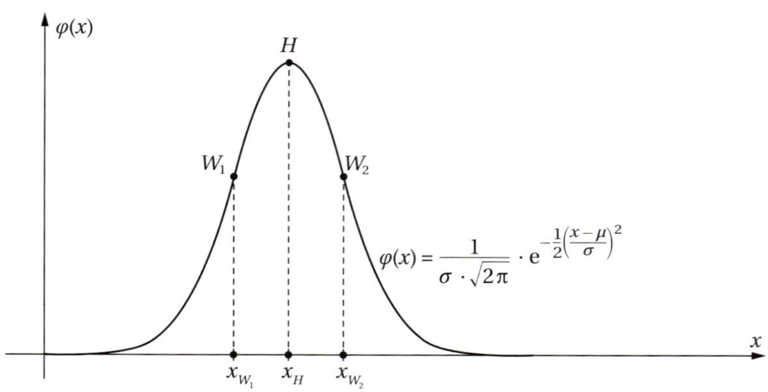

$x_{W_1} = \mu - \sigma$ $\qquad$ $x_H = \mu$ $\qquad$ $x_{W_2} = \mu + \sigma$

$W_1\left(\mu - \sigma \,\middle|\, \frac{1}{\sigma \cdot \sqrt{2\pi e}}\right)$ $\qquad$ $H\left(\mu \,\middle|\, \frac{1}{\sigma \cdot \sqrt{2\pi}}\right)$ $\qquad$ $W_2\left(\mu + \sigma \,\middle|\, \frac{1}{\sigma \cdot \sqrt{2\pi e}}\right)$

<table>
<tr>
<td>Wahrscheinlichkeiten normalverteilter Zufallsgrößen</td>
<td>

höchstens x_1

$$P(X \leq x_1) = \left[\Phi(x)\right]_{-\infty}^{x_1} = \frac{1}{\sigma \cdot \sqrt{2\pi}} \cdot \int_{-\infty}^{x_1} e^{-\frac{1}{2}\left(\frac{x-\mu}{\sigma}\right)^2} \, \mathrm{d}x \text{ mit } x \in \mathbb{R}$$

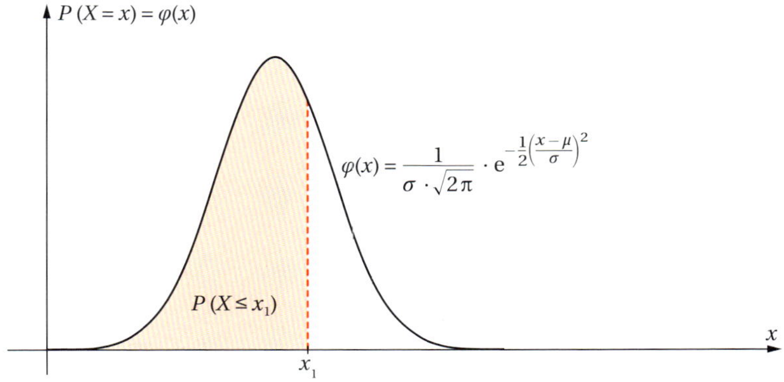

</td>
</tr>
<tr>
<td></td>
<td>

mindestens x_1 und höchstens x_2 (zwischen x_1 und x_2)

$$P(x_1 \leq X \leq x_2) = \left[\Phi(x)\right]_{x_1}^{x_2} = \frac{1}{\sigma \cdot \sqrt{2\pi}} \cdot \int_{x_1}^{x_2} e^{-\frac{1}{2}\left(\frac{x-\mu}{\sigma}\right)^2} \, \mathrm{d}x \text{ mit } x \in \mathbb{R}$$

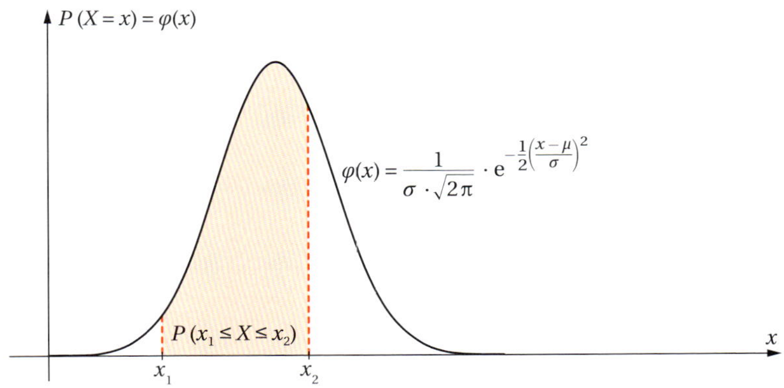

</td>
</tr>
<tr>
<td>Integral der Dichtefunktion</td>
<td>

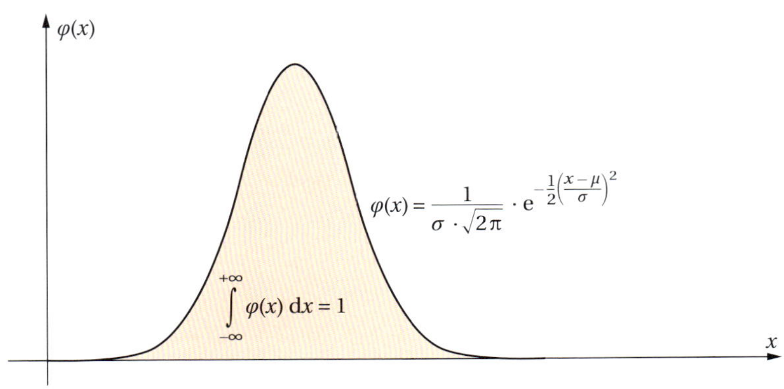

</td>
</tr>
</table>

Normalverteilung

Verteilungsfunktion (gaußsche Summenfunktion)	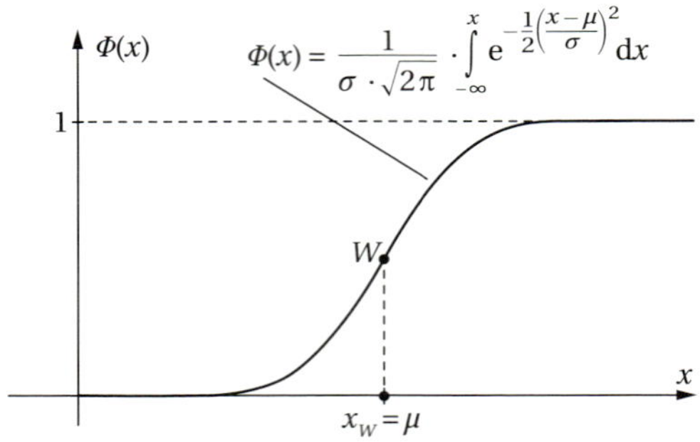	Die Funktionswerte geben die kumulierten (addierten) Wahrscheinlichkeiten an.

3.8 Standardnormalverteilung

Dichtefunktion	$\varphi(z) = \frac{1}{\sqrt{2\pi}} \cdot e^{-\frac{1}{2}z^2}$ 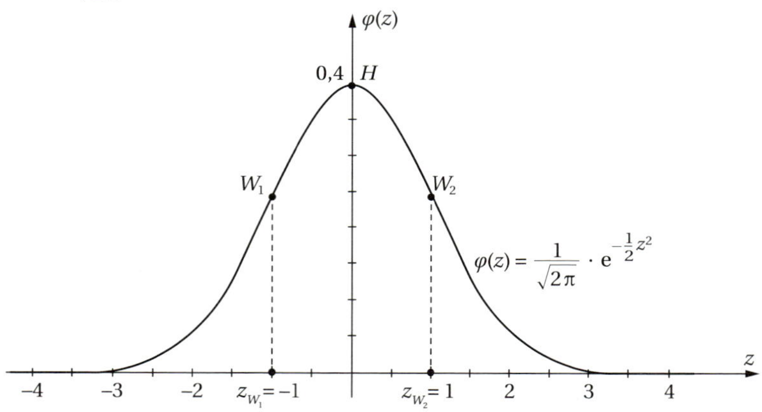 $\mu = z_H = 0$ $W_1\left(-1 \,\middle|\, \frac{1}{\sqrt{2\pi e}}\right)$ $H\left(0 \,\middle|\, \frac{1}{\sqrt{2\pi}}\right)$ $W_2\left(1 \,\middle|\, \frac{1}{\sqrt{2\pi e}}\right)$	
Standardisierung	• **Dichtefunktion** $z = \frac{x-\mu}{\sigma}$ • **Verteilungsfunktion** $\Phi(z) = \Phi\left(\frac{x-\mu}{\sigma}\right)$	x: Merkmalsausprägung der normalverteilten Zufallsgröße μ: Erwartungswert σ: Standardabweichung

Wahrscheinlichkeiten standardnormalverteilter Zufallsgrößen

höchstens z

$$P(Z \leq z) = \Phi(z) = \frac{1}{\sqrt{2\pi}} \cdot \int_{-\infty}^{z} e^{-\frac{1}{2}z^2}\, dz \quad \text{mit} \quad z = \frac{x-\mu}{\sigma}$$

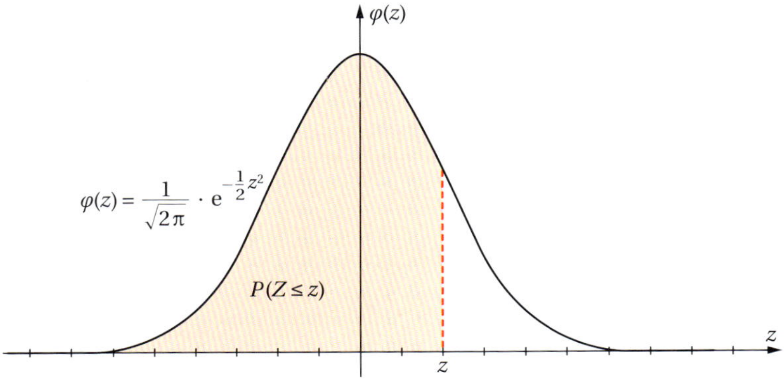

mindestens z_1 und höchstens z_2 (zwischen z_1 und z_2)

$$P(z_1 \leq Z \leq z_2) = \Phi(z_2) - \Phi(z_1)$$

$$= \frac{1}{\sqrt{2\pi}} \cdot \int_{z_1}^{z_2} e^{-\frac{1}{2}z^2}\, dz$$

$$= \frac{1}{\sqrt{2\pi}} \cdot \int_{-\infty}^{z_2} e^{-\frac{1}{2}z^2}\, dz - \frac{1}{\sqrt{2\pi}} \cdot \int_{-\infty}^{z_1} e^{-\frac{1}{2}z^2}\, dz$$

mit $z_2 = \frac{x_2-\mu}{\sigma}$ und $z_1 = \frac{x_1-\mu}{\sigma}$

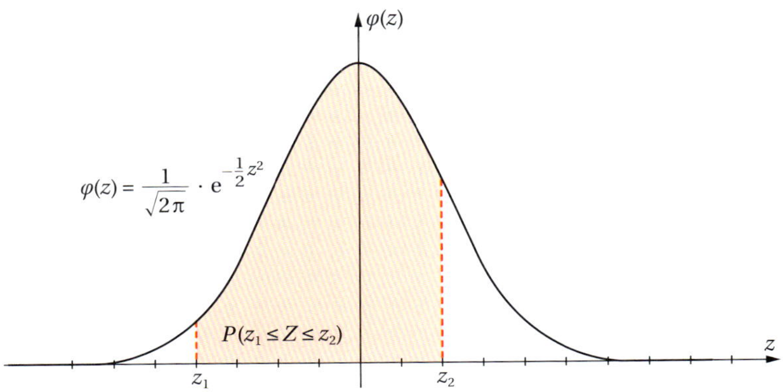

Standardnormalverteilung

Integrale der Dichtefunktion

symmetrische Mittelfläche
$|-z| = z$

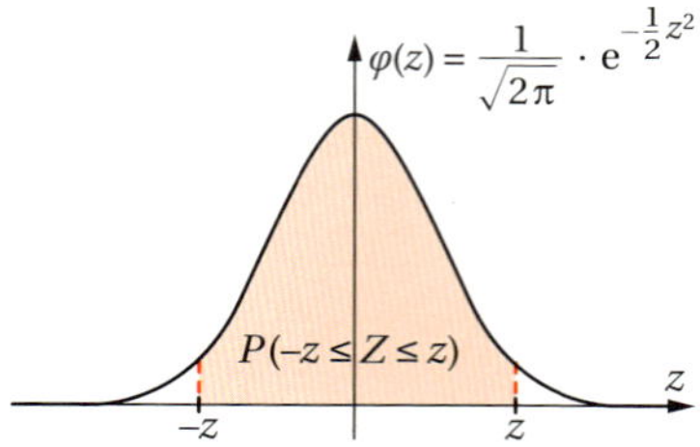

$P(-z \le Z \le z) = 2\,\Phi(z) - 1$

Mittelfläche $z_1 < z_2$

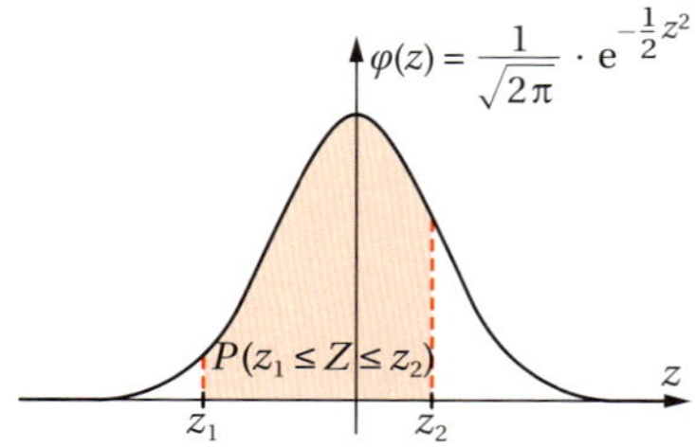

$P(z_1 \le Z \le z_2) = \Phi(z_2) - \Phi(z_1)$

linke Randfläche (positive Grenze)

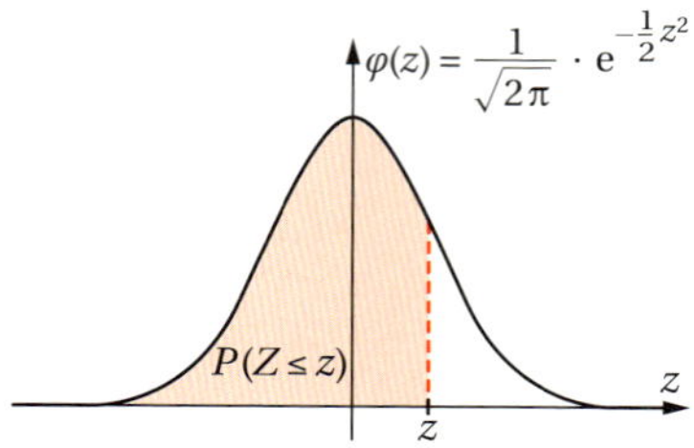

$P(Z \le z) = \Phi(z)$

linke Randfläche (negative Grenze)

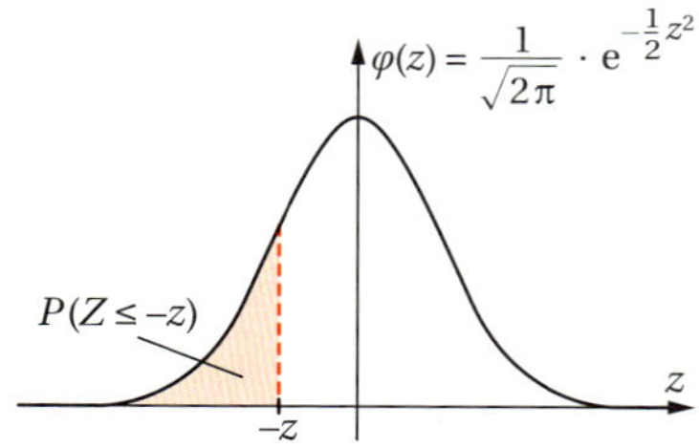

$P(Z \le -z) = 1 - \Phi(z)$

rechte Randfläche (negative Grenze)

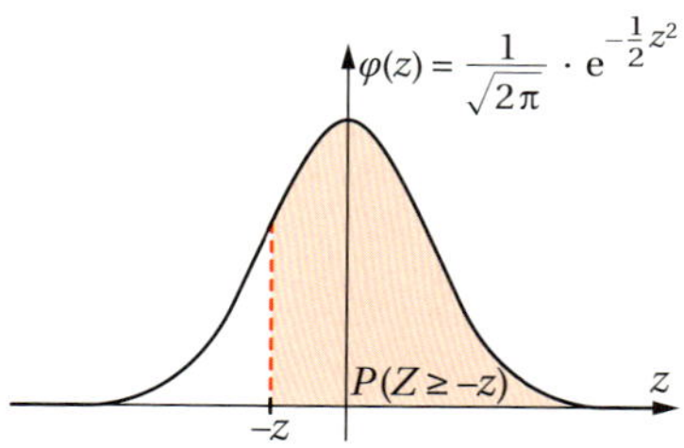

$P(Z \ge -z) = \Phi(z)$

rechte Randfläche (positive Grenze)

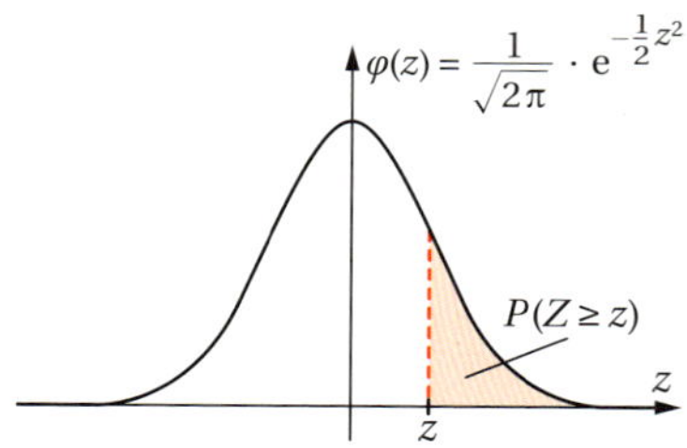

$P(Z \ge z) = 1 - \Phi(z)$

Verteilungsfunktion

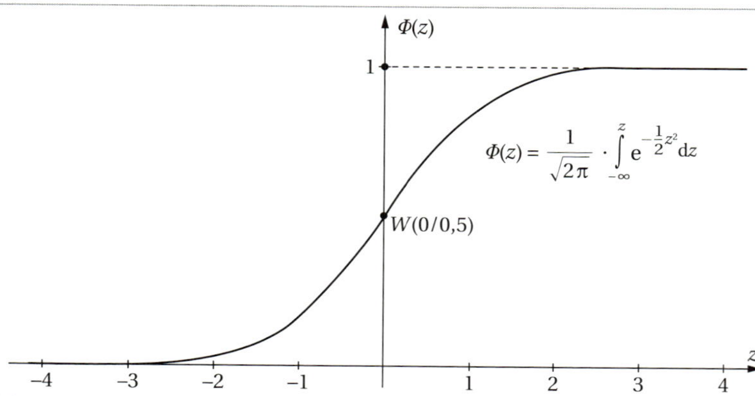

3.9 Approximation der Binomialverteilung durch die Normalverteilung

Voraussetzung	$B_{n;\,p}(x) = \binom{n}{x} \cdot p^x \cdot (1-p)^{n-x} \approx \varphi(x) = \frac{1}{\sigma \cdot \sqrt{2\pi}} \cdot e^{-\frac{1}{2}\left(\frac{x-\mu}{\sigma}\right)^2}$ wenn $\sigma = \sqrt{n \cdot p \cdot q} > 3$
Näherungs-formel von de Moivre-Laplace	• **ohne Stetigkeitskorrektur** für $\sqrt{n \cdot p \cdot q} > 3$ $P(x_1 \le X \le x_2) \approx \Phi\left(\frac{x_2-\mu}{\sigma}\right) - \Phi\left(\frac{x_1-\mu}{\sigma}\right)$ Abweichung der Binomialverteilung von der Normalverteilung 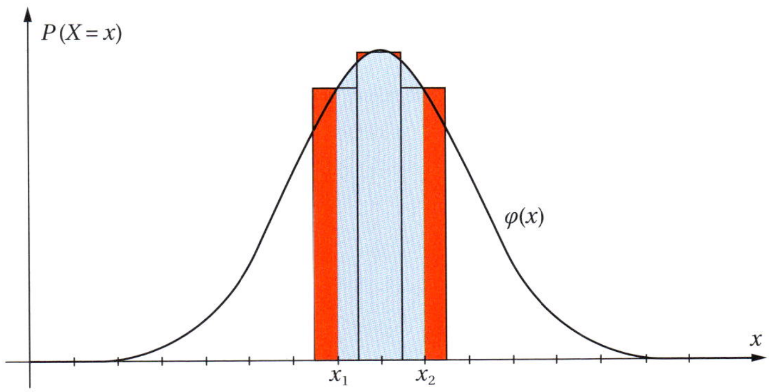 • **mit Stetigkeitskorrektur** $P(x_1 \le X \le x_2) \approx \Phi\left(\frac{x_2+0{,}5-\mu}{\sigma}\right) - \Phi\left(\frac{x_1-0{,}5-\mu}{\sigma}\right)$ 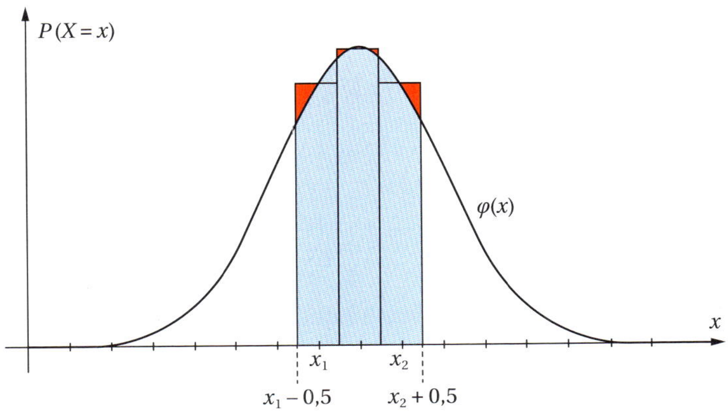

4 Beurteilende Statistik

4.1 Sigma-Umgebungen zu Vertrauensintervallen

Vertrauens-intervall	**Schluss von der Stichprobe auf die Grundgesamtheit** $\lvert p-h\rvert \le c\cdot\sqrt{\frac{p-p^2}{n}}$ mit $h=\frac{X}{n}$	h: relative Trefferhäufigkeit der Stichprobe X: Anzahl der Treffer in der Stichprobe n: Stichprobenumfang p: unbekannte Trefferwahrscheinlichkeit in der Grundgesamtheit
Sigma-Umgebungen für Sicherheits-wahrschein-lichkeiten von 90 %, 95 % und 99 %	$c=1{,}64 \mathrel{\hat{=}} 90\,\%$ Sicherheitswahrscheinlichkeit $c=1{,}96 \mathrel{\hat{=}} 95\,\%$ Sicherheitswahrscheinlichkeit $c=2{,}58 \mathrel{\hat{=}} 99\,\%$ Sicherheitswahrscheinlichkeit	
Sigma-Umgebung eines be-liebigen Vertrauens-intervalls	$\Phi(z)-\Phi(-z)=1-\alpha$ $\Phi(z)=1-\frac{\alpha}{2}$	α: Irrtumswahrscheinlichkeit $1-\alpha$: Sicherheitswahrscheinlichkeit

4.2 Vertrauensintervalle

Exaktes Vertrauens-intervall	$\mathrm{VI}=\left[\dfrac{\frac{c^2}{2n}+h-c\cdot\sqrt{\frac{c^2}{4n^2}+\frac{h-h^2}{n}}}{\frac{c^2}{n}+1};\ \dfrac{\frac{c^2}{2n}+h+c\cdot\sqrt{\frac{c^2}{4n^2}+\frac{h-h^2}{n}}}{\frac{c^2}{n}+1}\right]$ n: Stichprobenumfang h: relative Trefferhäufigkeit der Stichprobe c: Breite der Sigma-Umgebung
Näherungsweise bestimmtes Vertrauens-intervall	$\mathrm{VI}=\left[h-c\cdot\sqrt{\frac{h-h^2}{n}};\ h+c\cdot\sqrt{\frac{h-h^2}{n}}\right]$ mit $h=\frac{X}{n}$ sinnvoll für $n>1\,000$ oder $0{,}3\le h\le 0{,}7$ oder $\sqrt{n\cdot p\cdot q}>3$

Parabelansatz (exakte Lösung)	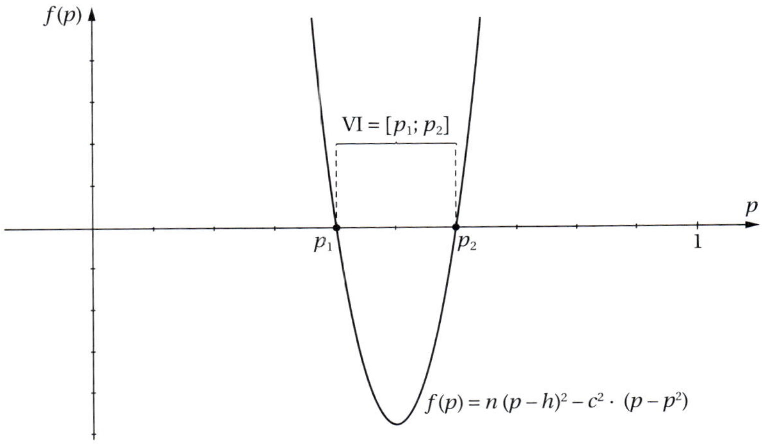 $p_{1;\,2} \Leftrightarrow f(p) = 0 \Leftrightarrow n\,(p-h)^2 - c^2 \cdot (p-p^2) = 0$ VI: Vertrauensintervall n: Stichprobenumfang $h = \frac{X}{n}$: relative Trefferhäufigkeit der Stichprobe X: Anzahl der Treffer in der Stichprobe p: unbekannte Trefferwahrscheinlichkeit der Grundgesamtheit c: Breite der Sigma-Umgebung

Ellipsenansatz (exakte Lösung)

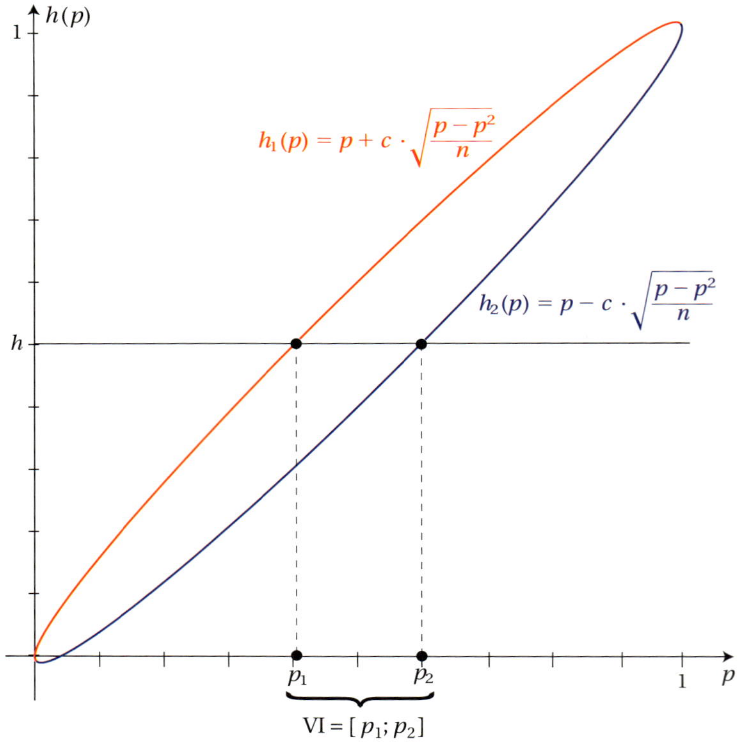

Ansatz zur Berechnung von p_1:

$h = h_1(p) \Leftrightarrow h = p + c \cdot \sqrt{\frac{p-p^2}{n}}$

Ansatz zur Berechnung von p_2:

$h = h_2(p) \Leftrightarrow h = p - c \cdot \sqrt{\frac{p-p^2}{n}}$

VI:	Vertrauensintervall
n:	Stichprobenumfang
$h = \frac{X}{n}$:	relative Trefferhäufigkeit der Stichprobe
X:	Anzahl der Treffer in der Stichprobe
p:	unbekannte Trefferwahrscheinlichkeit in der Grundgesamtheit
c:	Breite der Sigma-Umgebung

Geometrie

1 Ebene Geometrie

Allgemeines Dreieck	• **Umfang:** $U = a + b + c$ • **Flächeninhalt:** $I = \frac{gh}{2}$ $I = \sqrt{s\,(s-a)\,(s-b)\,(s-c)}$ mit $s = \frac{a+b+c}{2} = \frac{U}{2}$	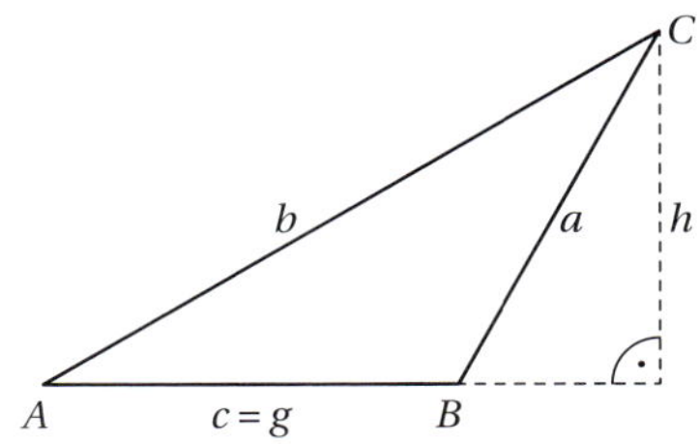
Rechtwinkliges Dreieck	• **Umfang:** $U = a + b + c$ • **Flächeninhalt:** $I = \frac{gh}{2}$ • **Satz des Pythagoras:** $a^2 + b^2 = c^2$ • **Höhensatz:** $h^2 = pq$ • **Kathetensatz:** $a^2 = cp$ und $b^2 = cq$	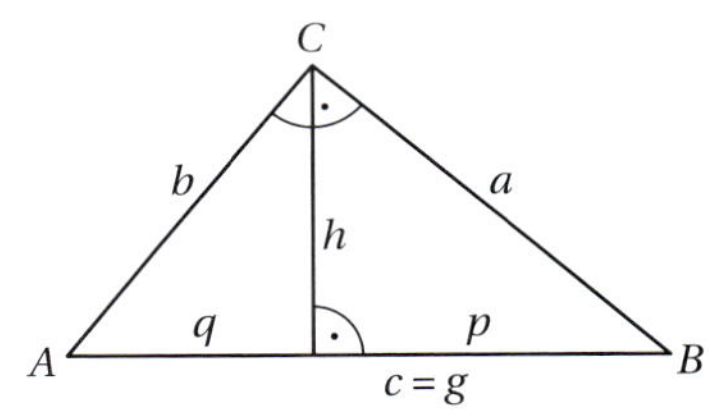
Gleichseitiges Dreieck	• **Umfang:** $U = 3\,a$ • **Flächeninhalt:** $I = \frac{a^2}{4}\sqrt{3}$ • **Höhe:** $h = \frac{a}{2}\sqrt{3}$ • **Radius des Umkreises:** $r = \frac{a}{3}\sqrt{3}$	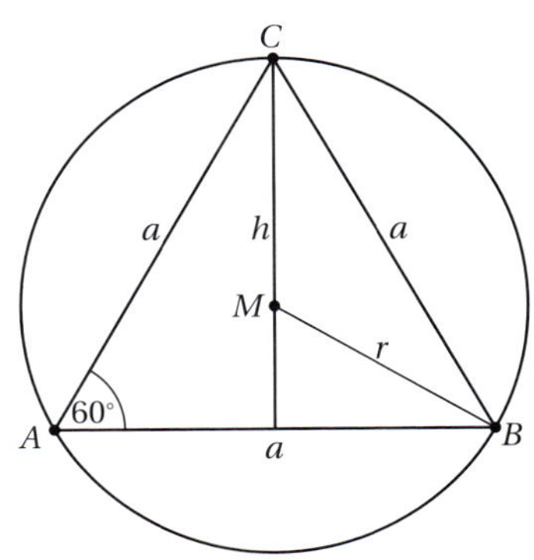

Rechteck	• **Umfang:** $U = 2a + 2b$ • **Flächeninhalt:** $I = ab$	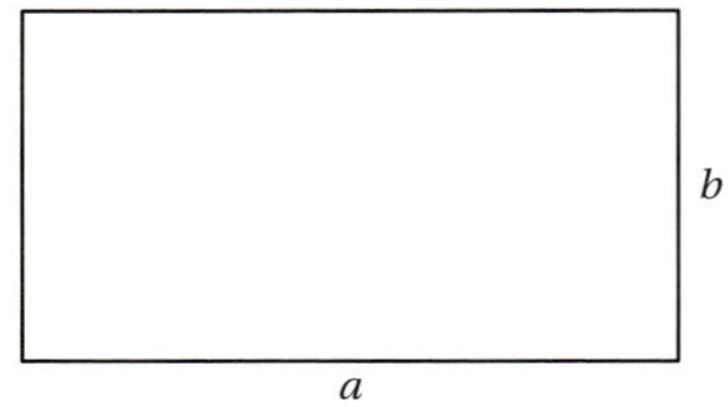
Quadrat	• **Umfang:** $U = 4a$ • **Flächeninhalt:** $I = a^2$ • **Diagonale:** $d = a\sqrt{2}$	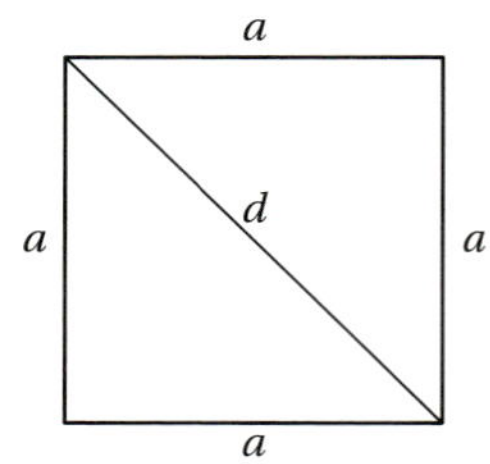
Parallelo-gramm	• **Umfang:** $U = 2g + 2d$ • **Flächeninhalt:** $I = gh = gd \cdot \sin\alpha$	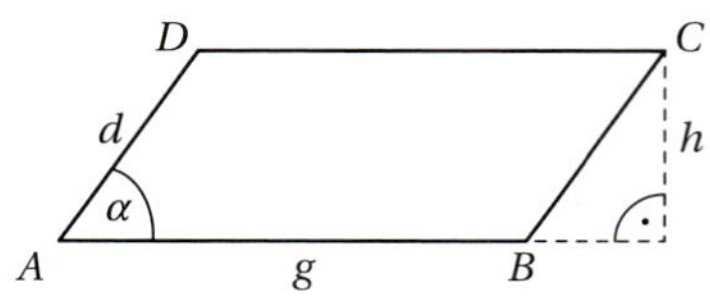
Trapez	• **Umfang:** $U = a + b + c + d$ • **Flächeninhalt:** $I = \frac{a+c}{2} \cdot h = mh$ • **Mittellinie:** $m = \frac{a+c}{2}$	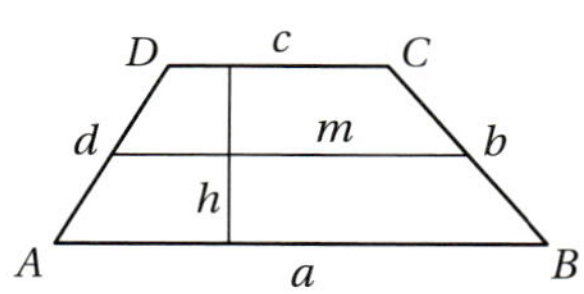
Kreis	• **Umfang:** $U = 2\pi r$ • **Flächeninhalt:** $I = \pi r^2$ • **Durchmesser:** $d = 2r$	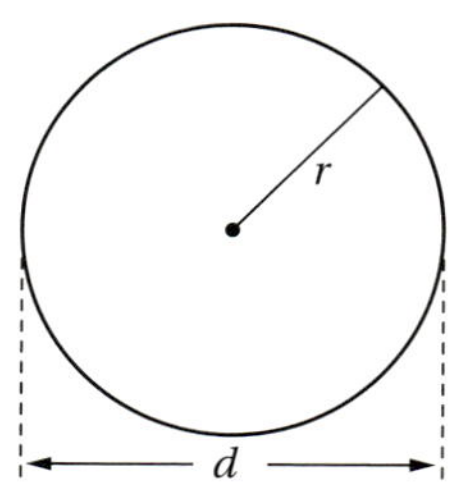

Strahlensatz	Wenn $\overline{AC} \mid\mid \overline{BD}$, dann gilt: $\overline{SA} : \overline{SB} = \overline{SC} : \overline{SD}$ $\overline{SA} : \overline{AC} = \overline{SB} : \overline{BD}$ $\overline{SA} : \overline{AB} = \overline{SC} : \overline{CD}$ $\overline{AC} : \overline{BD} = \overline{SA} : \overline{SB}$	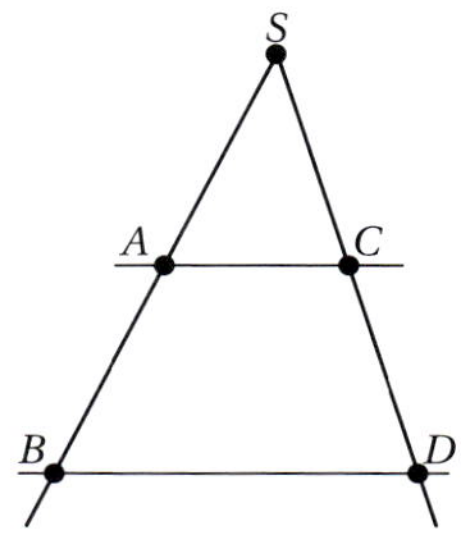

2 Raumgeometrie

Quader	• **Volumen:** $V = abc$ • **Oberfläche:** $O = 2 \cdot (ab + ac + bc)$ • **Raumdiagonale:** $e = \sqrt{a^2 + b^2 + c^2}$	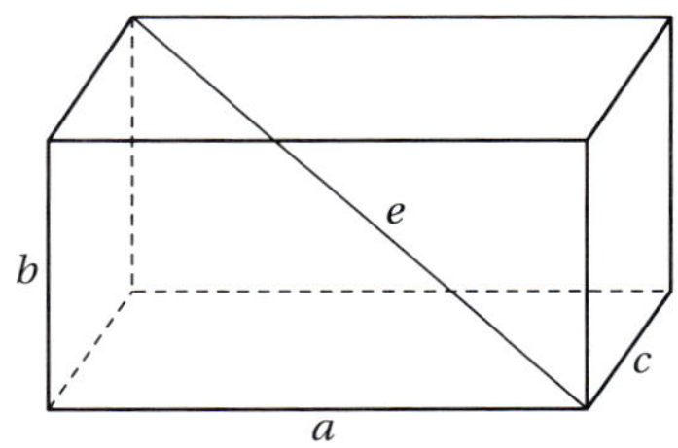
Würfel	• **Volumen:** $V = a^3$ • **Oberfläche:** $O = 6\,a^2$ • **Raumdiagonale:** $e = a\sqrt{3}$	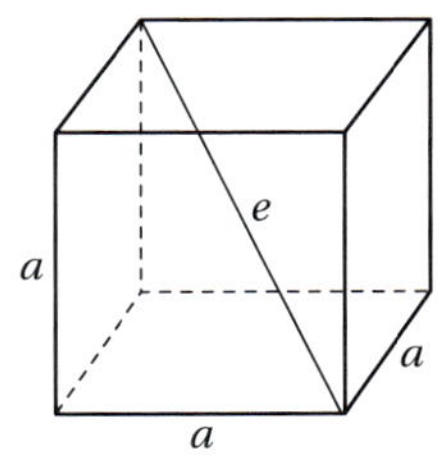
Zylinder	• **Volumen:** $V = \pi r^2 h$ • **Mantelfläche:** $M = 2\pi rh$ • **Oberfläche:** $O = 2\pi r\,(r + h)$	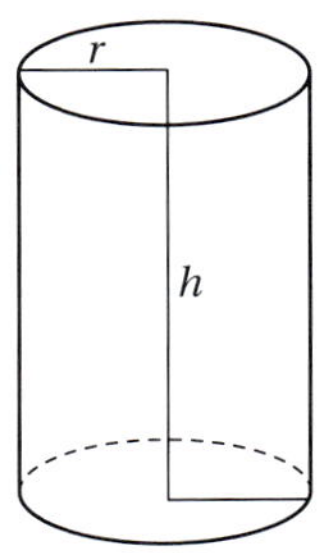

Kegel	• **Volumen:** $V = \frac{\pi}{3} r^2 h$ • **Mantelfläche:** $M = \pi rs$ mit $s = \sqrt{r^2 + h^2}$ • **Oberfläche:** $O = \pi r (r + s)$	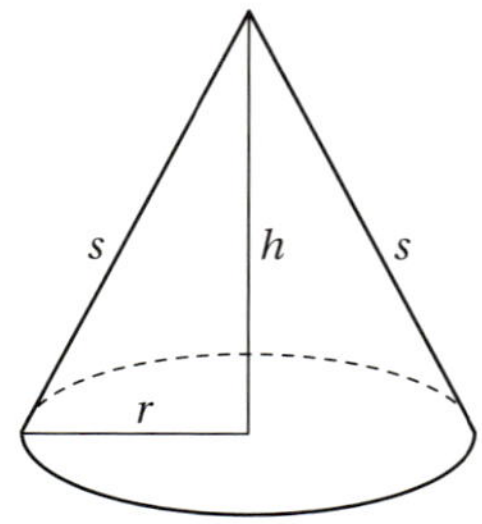
Kegelstumpf	• **Volumen:** $V = \frac{\pi \cdot h}{3} (r_1^2 + r_1 r_2 + r_2^2)$ • **Mantelfläche:** $M = \pi s (r_1 + r_2)$	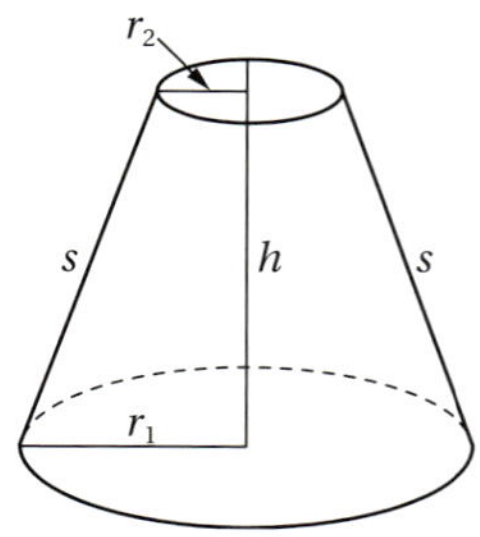
Kugel	• **Volumen:** $V = \frac{4}{3} \pi r^3$ • **Oberfläche:** $O = 4 \pi r^2$	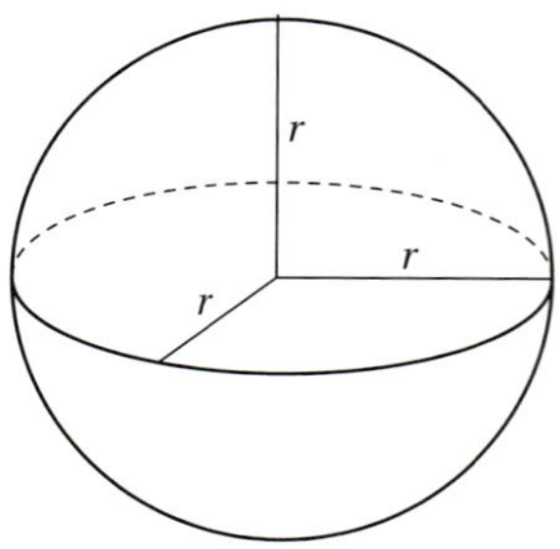

Anhang

1 Binomialverteilung, $B_{n;\,p}(k)$, Dichtefunktion

$$P(X=k) = B_{n;\,p}(k) = \binom{n}{k} \cdot p^k \cdot (1-p)^{n-k}$$

		p										
n	**k**	**0,01**	**0,02**	**0,05**	**0,1**	**0,15**	**0,2**	**0,25**	$\frac{1}{3}$	**0,5**		
2	**0**	0,9801	9604	9025	8100	7225	6400	5625	4444	2500	**2**	**2**
	1	0198	0392	0950	1800	2550	3200	3750	4444	5000	**1**	
	2	0001	0004	0025	0100	0225	0400	0625	1111	2500	**0**	
5	**0**	9510	9039	7738	5905	4437	3277	2373	1317	0313	**5**	**5**
	1	0480	0922	2036	3281	3915	4096	3955	3292	1563	**4**	
	2	0010	0038	0214	0729	1382	2048	2637	3292	3125	**3**	
	3		0001	0011	0081	0244	0512	0879	1646	3125	**2**	
	4				0005	0022	0064	0146	0412	1563	**1**	
	5					0001	0003	0010	0041	0313	**0**	
10	**0**	0,9044	8171	5987	3487	1969	1074	0563	0173	0010	**10**	**10**
	1	0914	1667	3151	3874	3474	2684	1877	0867	0098	**9**	
	2	0042	0153	0746	1937	2759	3020	2816	1951	0439	**8**	
	3	0001	0008	0105	0574	1298	2013	2503	2601	1172	**7**	
	4			0010	0112	0401	0881	1460	2276	2051	**6**	
	5			0001	0015	0085	0264	0584	1366	2461	**5**	
	6				0001	0012	0055	0162	0569	2051	**4**	
	7					0001	0008	0031	0163	1172	**3**	
	8						0001	0004	0030	0439	**2**	
	9								0003	0098	**1**	
	10									0010	**0**	
25	**0**	0,7778	6035	2774	0718	0172	0038	0008			**25**	**25**
	1	1964	3079	3650	1994	0759	0236	0063	0005		**24**	
	2	0238	0754	2305	2659	1607	0708	0251	0030		**23**	
	3	0018	0118	0930	2265	2174	1358	0641	0114	0001	**22**	
	4	0001	0013	0269	1384	2110	1867	1175	0313	0004	**21**	
	5		0001	0060	0646	1564	1960	1645	0658	0016	**20**	
	6			0010	0239	0920	1633	1828	1096	0053	**19**	
	7			0001	0072	0441	1108	1654	1487	0143	**18**	
	8				0018	0175	0623	1241	1673	0322	**17**	
	9				0004	0058	0294	0781	1580	0609	**16**	
	10				0001	0016	0118	0417	1264	0974	**15**	
	11					0004	0040	0189	0862	1328	**14**	
	12					0001	0012	0074	0503	1550	**13**	
	13						0003	0025	0251	1550	**12**	
	14						0001	0007	0108	1328	**11**	
	15							0002	0040	0974	**10**	
	16								0012	0609	**9**	
	17								0003	0322	**8**	
	18								0001	0143	**7**	
	19									0053	**6**	
	20									0016	**5**	
	21									0004	**4**	
	22									0001	**3**	
	23										**2**	
	24										**1**	
	25										**0**	
		0,99	**0,98**	**0,95**	**0,9**	**0,85**	**0,8**	**0,75**	$\frac{2}{3}$	**0,5**	**k**	**n**
		p										

$$P(X=k)=B_{n;\,p}(k)=\binom{n}{k}\cdot p^k\cdot(1-p)^{n-k}$$

		p										
n	**k**	**0,01**	**0,02**	**0,05**	**0,1**	**0,15**	**0,2**	**0,25**	**$\frac{1}{3}$**	**0,5**		
50	**0**	0,6050	3642	0769	0052	0003					**50**	50
	1	3056	3716	2025	0286	0026	0002				**49**	
	2	0756	1858	2611	0779	0113	0011	0001			**48**	
	3	0122	0607	2199	1386	0319	0044	0004			**47**	
	4	0015	0145	1360	1809	0661	0128	0016			**46**	
	5	0001	0027	0658	1849	1072	0295	0049	0001		**45**	
	6		0004	0260	1541	1419	0554	0123	0004		**44**	
	7		0001	0086	1076	1575	0870	0259	0012		**43**	
	8			0024	0643	1493	1169	0463	0033		**42**	
	9			0006	0333	1230	1364	0721	0077		**41**	
	10			0001	0152	0890	1398	0985	0157		**40**	
	11				0061	0571	1271	1194	0286		**39**	
	12				0022	0328	1033	1294	0465	0001	**38**	
	13				0007	0169	0755	1261	0679	0003	**37**	
	14				0002	0079	0499	1110	0898	0008	**36**	
	15				0001	0033	0299	0888	1077	0020	**35**	
	16					0013	0164	0648	1178	0044	**34**	
	17					0005	0082	0432	1178	0087	**33**	
	18					0001	0037	0264	1080	0160	**32**	
	19						0016	0148	0910	0270	**31**	
	20						0006	0077	0705	0419	**30**	
	21						0002	0036	0503	0598	**29**	
	22						0001	0016	0332	0788	**28**	
	23							0006	0202	0960	**27**	
	24							0002	0114	1080	**26**	
	25							0001	0059	1123	**25**	
	26								0028	1080	**24**	
	27								0013	0960	**23**	
	28								0005	0788	**22**	
	29								0002	0598	**21**	
	30								0001	0419	**20**	
	31									0270	**19**	
	32									0160	**18**	
	33									0087	**17**	
	34									0044	**16**	
	35									0020	**15**	
	36									0008	**14**	
	37									0003	**13**	
	38									0001	**12**	
	39										**11**	
	40										**10**	
	41										**9**	
	42										**8**	
	43										**7**	
	44										**6**	
	45										**5**	
	46										**4**	
	47										**3**	
	48										**2**	
	49										**1**	
	50										**0**	
		0,99	**0,98**	**0,95**	**0,9**	**0,85**	**0,8**	**0,75**	**$\frac{2}{3}$**	**0,5**	**k**	**n**
		p										

$$P(X=k) = B_{n;p}(k) = \binom{n}{k} \cdot p^k \cdot (1-p)^{n-k}$$

		p										
n	**k**	**0,01**	**0,02**	**0,05**	**0,1**	**0,15**	**0,2**	**0,25**	$\frac{1}{3}$	**0,5**		
	0	0,3660	1326	0059							**100**	
	1	3697	2707	0312	0003						**99**	
	2	1849	2734	0812	0016						**98**	
	3	0610	1823	1396	0059	0001					**97**	
	4	0149	0902	1781	0159	0003					**96**	
	5	0029	0353	1800	0339	0011					**95**	
	6	0005	0114	1500	0596	0031	0001				**94**	
	7	0001	0031	1060	0889	0075	0002				**93**	
	8		0007	0649	1148	0153	0006				**92**	
	9		0002	0349	1304	0276	0015				**91**	
	10			0167	1319	0444	0034	0001			**90**	
	11			0072	1199	0640	0069	0003			**89**	
	12			0028	0988	0838	0128	0006			**88**	
	13			0010	0743	1001	0216	0014			**87**	
	14			0003	0513	1098	0335	0030			**86**	
	15			0001	0327	1111	0481	0057			**85**	
	16				0193	1041	0638	0100	0001		**84**	
	17				0106	0908	0789	0165	0001		**83**	
	18				0054	0739	0909	0254	0003		**82**	
	19				0026	0563	0981	0365	0006		**81**	
	20				0012	0402	0993	0493	0013		**80**	
	21				0005	0270	0946	0626	0024		**79**	
	22				0002	0171	0849	0749	0043		**78**	
	23				0001	0103	0720	0847	0073		**77**	
	24					0058	0577	0906	0117		**76**	
100	**25**					0031	0439	0918	0178		**75**	**100**
	26					0016	0316	0883	0256		**74**	
	27					0008	0217	0806	0351		**73**	
	28					0004	0141	0701	0458		**72**	
	29					0002	0088	0580	0569		**71**	
	30					0001	0052	0458	0673		**70**	
	31						0029	0344	0760	0001	**69**	
	32						0016	0248	0819	0001	**68**	
	33						0008	0170	0844	0002	**67**	
	34						0004	0112	0831	0005	**66**	
	35						0002	0070	0784	0009	**65**	
	36						0001	0042	0708	0016	**64**	
	37							0024	0612	0027	**63**	
	38							0013	0507	0045	**62**	
	39							0007	0403	0071	**61**	
	40							0004	0308	0108	**60**	
	41							0002	0225	0159	**59**	
	42							0001	0158	0223	**58**	
	43								0107	0301	**57**	
	44								0069	0390	**56**	
	45								0043	0485	**55**	
	46								0026	0580	**54**	
	47								0015	0666	**53**	
	48								0008	0735	**52**	
	49								0004	0780	**51**	
	50								0002	0796	**50**	
		0,99	**0,98**	**0,95**	**0,9**	**0,85**	**0,8**	**0,75**	$\frac{2}{3}$	**0,5**	**k**	**n**
		p										

$$P(X=k) = B_{n;\,p}(k) = \binom{n}{k} \cdot p^k \cdot (1-p)^{n-k}$$

		p										
n	***k***	**0,01**	**0,02**	**0,05**	**0,1**	**0,15**	**0,2**	**0,25**	$\frac{1}{3}$	**0,5**		
100	**51**								0001	0780	**49**	**100**
	52								0001	0735	**48**	
	53									0666	**47**	
	54									0580	**46**	
	55									0485	**45**	
	56									0390	**44**	
	57									0301	**43**	
	58									0223	**42**	
	59									0159	**41**	
	60									0108	**40**	
	61									0071	**39**	
	62									0045	**38**	
	63									0027	**37**	
	64									0016	**36**	
	65									0009	**35**	
	66									0005	**34**	
	67									0002	**33**	
	68									0001	**32**	
	69									0001	**31**	
		0,99	**0,98**	**0,95**	**0,9**	**0,85**	**0,8**	**0,75**	$\frac{2}{3}$	**0,5**	***k***	***n***
		p										

2 Kumulierte Binomialverteilung, $F_{n;\,p}(k)$, Verteilungsfunktion

$$P(X \le k) = F_{n;\,p}(k) = \sum_{i=0}^{k} \binom{n}{i} \cdot p^i \cdot (1-p)^{n-i}$$

Bei grau hinterlegten Werten für k und n gilt: $P(X \le k) = 1 -$ abgelesener Wert.

		p										
n	***k***	**0,01**	**0,02**	**0,05**	**0,1**	**0,15**	**0,2**	**0,25**	**$\frac{1}{3}$**	**0,5**		
2	**0**	0,9801	9604	9025	8100	7225	6400	5625	4444	2500	**1**	**2**
	1	9999	9996	9975	9900	9775	9600	9375	8889	7500	**0**	
5	**0**	0,9510	9039	7738	5905	4437	3277	2373	1317	0313	**4**	**5**
	1	9990	9962	9774	9185	8352	7373	6328	4609	1875	**3**	
	2	1,0	9999	9988	9914	9734	9421	8965	7901	5000	**2**	
	3	1,0	1,0	1,0	9995	9978	9933	9844	9547	8125	**1**	
	4	1,0	1,0	1,0	1,0	9999	9997	9990	9959	9688	**0**	
10	**0**	0,9044	8171	5987	3487	1969	1074	0563	0173	0010	**9**	**10**
	1	9957	9838	9139	7361	5443	3758	2440	1040	0107	**8**	
	2	9999	9991	9885	9298	8202	6778	5256	2991	0547	**7**	
	3	1,0	1,0	9990	9872	9500	8791	7759	5593	1719	**6**	
	4	1,0	1,0	9999	9984	9901	9672	9219	7869	3770	**5**	
	5	1,0	1,0	1,0	9999	9986	9936	9803	9234	6230	**4**	
	6	1,0	1,0	1,0	1,0	9999	9991	9965	9803	8281	**3**	
	7	1,0	1,0	1,0	1,0	1,0	9999	9996	9966	9453	**2**	
	8	1,0	1,0	1,0	1,0	1,0	1,0	1,0	9996	9893	**1**	
	9	1,0	1,0	1,0	1,0	1,0	1,0	1,0	1,0	9990	**0**	
25	**0**	0,7778	6035	2774	0718	0172	0038	0008			**24**	**25**
	1	9742	9114	6424	2712	0931	0274	0070	0050		**23**	
	2	9980	9868	8729	5371	2537	0982	0321	0035		**22**	
	3	9999	9986	9659	7636	4711	2340	0962	0149	0001	**21**	
	4	1,0	9999	9928	9020	6821	4207	2137	0462	0005	**20**	
	5	1,0	1,0	9988	9666	8385	6167	3783	1120	0020	**19**	
	6	1,0	1,0	9998	9905	9305	7800	5611	2215	0073	**18**	
	7	1,0	1,0	1,0	9977	9745	8909	7265	3703	0216	**17**	
	8	1,0	1,0	1,0	9995	9920	9532	8506	5376	0539	**16**	
	9	1,0	1,0	1,0	9999	9979	9827	9287	6956	1148	**15**	
	10	1,0	1,0	1,0	1,0	9995	9944	9703	8220	2122	**14**	
	11	1,0	1,0	1,0	1,0	9999	9985	9893	9082	3450	**13**	
	12	1,0	1,0	1,0	1,0	1,0	9996	9966	9585	5000	**12**	
	13	1,0	1,0	1,0	1,0	1,0	9999	9991	9836	6550	**11**	
	14	1,0	1,0	1,0	1,0	1,0	1,0	9998	9944	7878	**10**	
	15	1,0	1,0	1,0	1,0	1,0	1,0	1,0	9984	8852	**9**	
	16	1,0	1,0	1,0	1,0	1,0	1,0	1,0	9996	9461	**8**	
	17	1,0	1,0	1,0	1,0	1,0	1,0	1,0	9999	9784	**7**	
	18	1,0	1,0	1,0	1,0	1,0	1,0	1,0	1,0	9927	**6**	
	19	1,0	1,0	1,0	1,0	1,0	1,0	1,0	1,0	9980	**5**	
	20	1,0	1,0	1,0	1,0	1,0	1,0	1,0	1,0	9995	**4**	
	21	1,0	1,0	1,0	1,0	1,0	1,0	1,0	1,0	9999	**3**	
	22	1,0	1,0	1,0	1,0	1,0	1,0	1,0	1,0	1,0	**2**	
	23	1,0	1,0	1,0	1,0	1,0	1,0	1,0	1,0	1,0	**1**	
	24	1,0	1,0	1,0	1,0	1,0	1,0	1,0	1,0	1,0	**0**	
		0,99	**0,98**	**0,95**	**0,9**	**0,85**	**0,8**	**0,75**	**$\frac{2}{3}$**	**0,5**	***k***	***n***
		p										

$$P(X \le k) = F_{n;\,p}(k) = \sum_{i=0}^{k} \binom{n}{i} \cdot p^i \cdot (1-p)^{n-i}$$

Bei grau hinterlegten Werten für k und n gilt: $P(X \le k) = 1 -$ abgelesener Wert.

		p										
n	**k**	**0,01**	**0,02**	**0,05**	**0,1**	**0,15**	**0,2**	**0,25**	**$\frac{1}{3}$**	**0,5**		
	0	0,6050	3642	0769	0052	0003					**49**	
	1	9106	7358	2794	0338	0029	0002				**48**	
	2	9862	9216	5405	1117	0142	0013	0001			**47**	
	3	9984	9822	7604	2503	0460	0057	0005			**46**	
	4	9999	9968	8964	4312	1121	0185	0021			**45**	
	5	1,0	9995	9622	6161	2194	0480	0070	0010		**44**	
	6	1,0	1,0	9882	7702	3613	1034	0194	0005		**43**	
	7	1,0	1,0	9968	8779	5188	1904	0453	0017		**42**	
	8	1,0	1,0	9992	9421	6681	3073	0916	0050		**41**	
	9	1,0	1,0	9998	9755	7911	4437	1637	0127		**40**	
	10	1,0	1,0	1,0	9906	8801	5836	2622	0284		**39**	
	11	1,0	1,0	1,0	9968	9372	7107	3816	0570		**38**	
	12	1,0	1,0	1,0	9990	9699	8139	5110	1035	0002	**37**	
	13	1,0	1,0	1,0	9997	9868	8894	6370	1715	0005	**36**	
	14	1,0	1,0	1,0	9999	9947	9393	7481	2612	0013	**35**	
	15	1,0	1,0	1,0	1,0	9981	9692	8369	3690	0033	**34**	
	16	1,0	1,0	1,0	1,0	9993	9856	9017	4868	0077	**33**	
	17	1,0	1,0	1,0	1,0	9998	9937	9449	6046	0164	**32**	
	18	1,0	1,0	1,0	1,0	9999	9975	9713	7126	0325	**31**	
	19	1,0	1,0	1,0	1,0	1,0	9991	9861	8036	0595	**30**	
	20	1,0	1,0	1,0	1,0	1,0	9997	9937	8741	1013	**29**	
	21	1,0	1,0	1,0	1,0	1,0	9999	9974	9244	1611	**28**	
	22	1,0	1,0	1,0	1,0	1,0	1,0	9990	9576	2399	**27**	
	23	1,0	1,0	1,0	1,0	1,0	1,0	9996	9778	3359	**26**	
50	**24**	1,0	1,0	1,0	1,0	1,0	1,0	9999	9892	4439	**25**	**50**
	25	1,0	1,0	1,0	1,0	1,0	1,0	1,0	9951	5561	**24**	
	26	1,0	1,0	1,0	1,0	1,0	1,0	1,0	9979	6641	**23**	
	27	1,0	1,0	1,0	1,0	1,0	1,0	1,0	9992	7601	**22**	
	28	1,0	1,0	1,0	1,0	1,0	1,0	1,0	9997	8389	**21**	
	29	1,0	1,0	1,0	1,0	1,0	1,0	1,0	9999	8987	**20**	
	30	1,0	1,0	1,0	1,0	1,0	1,0	1,0	1,0	9405	**19**	
	31	1,0	1,0	1,0	1,0	1,0	1,0	1,0	1,0	9675	**18**	
	32	1,0	1,0	1,0	1,0	1,0	1,0	1,0	1,0	9836	**17**	
	33	1,0	1,0	1,0	1,0	1,0	1,0	1,0	1,0	9923	**16**	
	34	1,0	1,0	1,0	1,0	1,0	1,0	1,0	1,0	9967	**15**	
	35	1,0	1,0	1,0	1,0	1,0	1,0	1,0	1,0	9987	**14**	
	36	1,0	1,0	1,0	1,0	1,0	1,0	1,0	1,0	9995	**13**	
	37	1,0	1,0	1,0	1,0	1,0	1,0	1,0	1,0	9998	**12**	
	38	1,0	1,0	1,0	1,0	1,0	1,0	1,0	1,0	1,0	**11**	
	39	1,0	1,0	1,0	1,0	1,0	1,0	1,0	1,0	1,0	**10**	
	40	1,0	1,0	1,0	1,0	1,0	1,0	1,0	1,0	1,0	**9**	
	41	1,0	1,0	1,0	1,0	1,0	1,0	1,0	1,0	1,0	**8**	
	42	1,0	1,0	1,0	1,0	1,0	1,0	1,0	1,0	1,0	**7**	
	43	1,0	1,0	1,0	1,0	1,0	1,0	1,0	1,0	1,0	**6**	
	44	1,0	1,0	1,0	1,0	1,0	1,0	1,0	1,0	1,0	**5**	
	45	1,0	1,0	1,0	1,0	1,0	1,0	1,0	1,0	1,0	**4**	
	46	1,0	1,0	1,0	1,0	1,0	1,0	1,0	1,0	1,0	**3**	
	47	1,0	1,0	1,0	1,0	1,0	1,0	1,0	1,0	1,0	**2**	
	48	1,0	1,0	1,0	1,0	1,0	1,0	1,0	1,0	1,0	**1**	
	49	1,0	1,0	1,0	1,0	1,0	1,0	1,0	1,0	1,0	**0**	
		0,99	**0,98**	**0,95**	**0,9**	**0,85**	**0,8**	**0,75**	**$\frac{2}{3}$**	**0,5**	**k**	**n**
		p										

$$P(X \le k) = F_{n;\,p}(k) = \sum_{i=0}^{k} \binom{n}{i} \cdot p^i \cdot (1-p)^{n-i}$$

Bei grau hinterlegten Werten für k und n gilt: $P(X \le k) = 1$ – abgelesener Wert.

		p										
n	***k***	**0,01**	**0,02**	**0,05**	**0,1**	**0,15**	**0,2**	**0,25**	$\frac{1}{3}$	**0,5**		
	0	0,3660	1326	0059							**99**	
	1	7358	4033	0371	0003						**98**	
	2	9206	6767	1183	0019						**97**	
	3	9816	8590	2578	0078	0001					**96**	
	4	9966	9492	4360	0237	0004					**95**	
	5	9995	9845	6160	0576	0016					**94**	
	6	9999	9959	7660	1172	0047	0001				**93**	
	7	1,0	9991	8720	2061	0122	0003				**92**	
	8	1,0	9998	9369	3209	0275	0009				**91**	
	9	1,0	1,0	9718	4513	0551	0023				**90**	
	10	1,0	1,0	9885	5832	0994	0057	0001			**89**	
	11	1,0	1,0	9957	7030	1635	0126	0004			**88**	
	12	1,0	1,0	9985	8018	2473	0253	0010			**87**	
	13	1,0	1,0	9995	8761	3474	0469	0025			**86**	
	14	1,0	1,0	9999	9274	4572	0804	0054			**85**	
	15	1,0	1,0	1,0	9601	5683	1285	0111			**84**	
	16	1,0	1,0	1,0	9794	6725	1923	0211	0001		**83**	
	17	1,0	1,0	1,0	9900	7633	2712	0376	0002		**82**	
	18	1,0	1,0	1,0	9954	8372	3621	0630	0050		**81**	
	19	1,0	1,0	1,0	9980	8935	4602	0995	0011		**80**	
	20	1,0	1,0	1,0	9992	9337	5595	1488	0024		**79**	
	21	1,0	1,0	1,0	9997	9607	6540	2114	0048		**78**	
	22	1,0	1,0	1,0	9999	9779	7389	2864	0091		**77**	
	23	1,0	1,0	1,0	1,0	9881	8109	3711	0164		**76**	
	24	1,0	1,0	1,0	1,0	9939	8686	4617	0281		**75**	
100	**25**	1,0	1,0	1,0	1,0	9970	9125	5535	0458		**74**	**100**
	26	1,0	1,0	1,0	1,0	9986	9442	6417	0715		**73**	
	27	1,0	1,0	1,0	1,0	9994	9658	7224	1066		**72**	
	28	1,0	1,0	1,0	1,0	9997	9800	7925	1524		**71**	
	29	1,0	1,0	1,0	1,0	9999	9888	8505	2093		**70**	
	30	1,0	1,0	1,0	1,0	1,0	9939	8962	2766		**69**	
	31	1,0	1,0	1,0	1,0	1,0	9969	9307	3525	0001	**68**	
	32	1,0	1,0	1,0	1,0	1,0	9984	9554	4344	0002	**67**	
	33	1,0	1,0	1,0	1,0	1,0	9993	9724	5188	0004	**66**	
	34	1,0	1,0	1,0	1,0	1,0	9997	9836	6019	0009	**65**	
	35	1,0	1,0	1,0	1,0	1,0	9999	9906	6803	0018	**64**	
	36	1,0	1,0	1,0	1,0	1,0	9999	9948	7511	0033	**63**	
	37	1,0	1,0	1,0	1,0	1,0	1,0	9973	8123	0060	**62**	
	38	1,0	1,0	1,0	1,0	1,0	1,0	9986	8630	0105	**61**	
	39	1,0	1,0	1,0	1,0	1,0	1,0	9993	9034	0176	**60**	
	40	1,0	1,0	1,0	1,0	1,0	1,0	9997	9341	0284	**59**	
	41	1,0	1,0	1,0	1,0	1,0	1,0	9999	9566	0443	**58**	
	42	1,0	1,0	1,0	1,0	1,0	1,0	9999	9724	0666	**57**	
	43	1,0	1,0	1,0	1,0	1,0	1,0	1,0	9831	0967	**56**	
	44	1,0	1,0	1,0	1,0	1,0	1,0	1,0	9900	1356	**55**	
	45	1,0	1,0	1,0	1,0	1,0	1,0	1,0	9943	1841	**54**	
	46	1,0	1,0	1,0	1,0	1,0	1,0	1,0	9969	2421	**53**	
	47	1,0	1,0	1,0	1,0	1,0	1,0	1,0	9983	3086	**52**	
	48	1,0	1,0	1,0	1,0	1,0	1,0	1,0	9991	3822	**51**	
	49	1,0	1,0	1,0	1,0	1,0	1,0	1,0	9996	4602	**50**	
	50	1,0	1,0	1,0	1,0	1,0	1,0	1,0	9998	5398	**49**	
		0,99	**0,98**	**0,95**	**0,9**	**0,85**	**0,8**	**0,75**	$\frac{2}{3}$	**0,5**	***k***	***n***
		p										

$$P(X \leq k) = F_{n;\,p}(k) = \sum_{i=0}^{k} \binom{n}{i} \cdot p^i \cdot (1-p)^{n-i}$$

Bei grau hinterlegten Werten für k und n gilt: $P(X \leq k) = 1$ – abgelesener Wert.

		p										
n	***k***	**0,01**	**0,02**	**0,05**	**0,1**	**0,15**	**0,2**	**0,25**	$\frac{1}{3}$	**0,5**		
100	**51**	1,0	1,0	1,0	1,0	1,0	1,0	1,0	9999	6178	**48**	**100**
	52	1,0	1,0	1,0	1,0	1,0	1,0	1,0	1,0	6914	**47**	
	53	1,0	1,0	1,0	1,0	1,0	1,0	1,0	1,0	7579	**46**	
	54	1,0	1,0	1,0	1,0	1,0	1,0	1,0	1,0	8159	**45**	
	55	1,0	1,0	1,0	1,0	1,0	1,0	1,0	1,0	8644	**44**	
	56	1,0	1,0	1,0	1,0	1,0	1,0	1,0	1,0	9033	**43**	
	57	1,0	1,0	1,0	1,0	1,0	1,0	1,0	1,0	9334	**42**	
	58	1,0	1,0	1,0	1,0	1,0	1,0	1,0	1,0	9557	**41**	
	59	1,0	1,0	1,0	1,0	1,0	1,0	1,0	1,0	9716	**40**	
	60	1,0	1,0	1,0	1,0	1,0	1,0	1,0	1,0	9824	**39**	
	61	1,0	1,0	1,0	1,0	1,0	1,0	1,0	1,0	9895	**38**	
	62	1,0	1,0	1,0	1,0	1,0	1,0	1,0	1,0	9940	**37**	
	63	1,0	1,0	1,0	1,0	1,0	1,0	1,0	1,0	9967	**36**	
	64	1,0	1,0	1,0	1,0	1,0	1,0	1,0	1,0	9982	**35**	
	65	1,0	1,0	1,0	1,0	1,0	1,0	1,0	1,0	9991	**34**	
	66	1,0	1,0	1,0	1,0	1,0	1,0	1,0	1,0	9996	**33**	
	67	1,0	1,0	1,0	1,0	1,0	1,0	1,0	1,0	9998	**32**	
	68	1,0	1,0	1,0	1,0	1,0	1,0	1,0	1,0	9999	**31**	
	69	1,0	1,0	1,0	1,0	1,0	1,0	1,0	1,0	1,0	**30**	
		0,99	**0,98**	**0,95**	**0,9**	**0,85**	**0,8**	**0,75**	$\frac{2}{3}$	**0,5**	***k***	***n***
		p										

3 Tabelle der standardisierten Normalverteilung

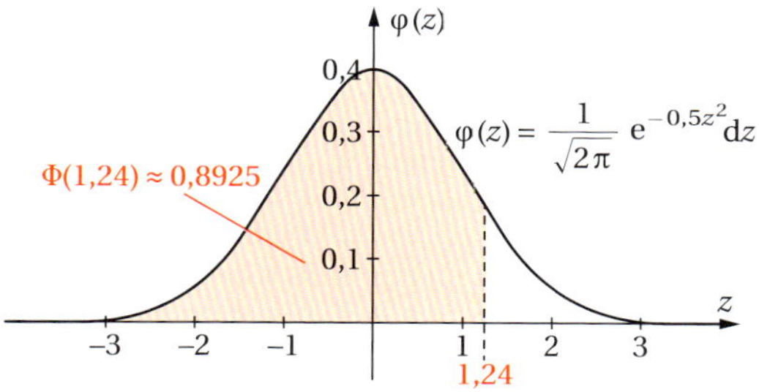

$\Phi(z) = \frac{1}{\sqrt{2\pi}} \int_{-\infty}^{z} e^{-\frac{1}{2}z^2}\,dz$ $\qquad$ $\Phi(-z) = 1 - \Phi(z)$ $\qquad$ für $z \geq 4$ ist $\Phi(z) \approx 1$

z	0	0,01	0,02	0,03	0,04	0,05	0,06	0,07	0,08	0,09
0,0	0,5000	5040	5080	5120	5160	5199	5239	5279	5319	5359
0,1	5398	5438	5478	5517	5557	5596	5636	5675	5714	5753
0,2	5793	5832	5871	5910	5948	5987	6026	6064	6103	6141
0,3	6179	6217	6255	6293	6331	6368	6406	6443	6480	6517
0,4	6554	6591	6628	6664	6700	6736	6772	6808	6844	6879
0,5	6915	6950	6985	7019	7054	7088	7123	7157	7190	7224
0,6	7257	7291	7324	7357	7389	7422	7454	7486	7517	7549
0,7	7580	7611	7642	7673	7704	7734	7764	7794	7823	7852
0,8	7881	7910	7939	7967	7995	8023	8051	8078	8106	8133
0,9	8159	8186	8212	8238	8264	8289	8315	8340	8365	8389
1	8413	8438	8461	8485	8508	8531	8554	8577	8599	8621
1,1	8643	8665	8686	8708	8729	8749	8770	8790	8810	8830
1,2	8849	8869	8888	8907	8925	8944	8962	8980	8997	9015
1,3	9032	9049	9066	9082	9099	9115	9131	9147	9162	9177
1,4	9192	9207	9222	9236	9251	9265	9279	9292	9306	9319
1,5	9332	9345	9357	9370	9382	9394	9406	9418	9429	9441
1,6	9452	9463	9474	9484	9495	9505	9515	9525	9535	9545
1,7	9554	9564	9573	9582	9591	9599	9608	9616	9625	9633
1,8	9641	9649	9656	9664	9671	9678	9686	9693	9699	9706
1,9	9713	9719	9726	9732	9738	9744	9750	9756	9761	9767
2,0	9772	9778	9783	9788	9793	9798	9803	9808	9812	9817
2,1	9821	9826	9830	9834	9838	9842	9846	9850	9854	9857
2,2	9861	9864	9868	9871	9875	9878	9881	9884	9887	9890
2,3	9893	9896	9898	9901	9904	9906	9909	9911	9913	9916
2,4	9918	9920	9922	9925	9927	9929	9931	9932	9934	9936
2,5	9938	9940	9941	9943	9945	9946	9948	9949	9951	9952
2,6	9953	9955	9956	9957	9959	9960	9961	9962	9963	9964
2,7	9965	9966	9967	9968	9969	9970	9971	9972	9973	9974
2,8	9974	9975	9976	9977	9977	9978	9979	9979	9980	9981
2,9	9981	9982	9982	9983	9984	9984	9985	9985	9986	9986
3,0	9987	9987	9987	9988	9988	9989	9989	9989	9990	9990
3,1	9990	9991	9991	9991	9992	9992	9992	9992	9993	9993
3,2	9993	9993	9994	9994	9994	9994	9994	9995	9995	9995
3,3	9995	9995	9995	9996	9996	9996	9996	9996	9996	9997
3,4	9997	9997	9997	9997	9997	9997	9997	9997	9997	9998
3,5	9998	9998	9998	9998	9998	9998	9998	9998	9998	9998
3,6	9998	9998	9999	9999	9999	9999	9999	9999	9999	9999
3,7	9999	9999	9999	9999	9999	9999	9999	9999	9999	9999
3,8	9999	9999	9999	9999	9999	9999	9999	9999	9999	9999
3,9	1,0	1,0	1,0	1,0	1,0	1,0	1,0	1,0	1,0	1,0

Sachwortverzeichnis

W

Z